권오길이 찾은

발칙한
생물들

권오길이 찾은
발칙한
생물들

기이하거나 별나거나 지혜로운 괴짜들의 한살이

권오길 지음

을유문화사

권오길이 찾은

발칙한
생물들

발행일
2015년 7월 25일 초판 1쇄
2015년 11월 10일 초판 2쇄

지은이 ㅣ 권오길
펴낸이 ㅣ 정무영
펴낸곳 ㅣ ㈜을유문화사

창립일 ㅣ 1945년 12월 1일
주소 ㅣ 서울시 종로구 우정국로 51-4
전화 ㅣ 734-3515, 733-8153
팩스 ㅣ 732-9154
홈페이지 ㅣ www.eulyoo.co.kr
ISBN 978-89-324-7311-6 03400

차례

chapter 4 말없이 치열하게 살아가는 괴짜들

들어가는 글

○

　이 책은 식물·동물·미생물·인체 등을 번갈아 가면서, 가능한 계절 감각을 살려 썼던 것이다. 일례로 철철이 피는 '금낭화' 글 하나도, 실물을 글방(서재)에 모셔 놓고 국내외 자료를 찾으면서 원고지 13매를 한 자, 한 자 메워 나갔다. 아마도 여태 몰랐던 것을 새로 알아 가는 '앎의 기쁨'이 없었다면 죽어도 못할 짓이다. "가까이 보면 예쁘고, 오래 자주 보면 사랑스럽다"고 하는데, 마냥 지나쳐 보던 금낭화를 샅샅이 파고들어 그가 지닌 비밀의 문을 열어 보는 그 재미는 해 보지 않고는 결코 모른다. 비록 코끼리 더듬기이긴 하지만 말이지.

　그런데 중동무이할까 봐 무척 겁난다. 우리말 중동무이는 중도이폐(中途而廢)와 같은 뜻으로, 하던 일을 끝내지 못하고 중간에서 흐지부지 그만둠을 이른다. 무슨 말인고 하니 이제 팔십 줄에 들다 보니 건강이 걱정된다는 말씀. 건강한 몸에서 건전한 필력(筆力)이 나오는 법인데. 그래서 몸을 더 챙기게

들어가는 글

9

되었고, 글 쓰는 덕택에 오래 살게 생겼다. 아무튼 한낱 글쟁이로 사는 것이 더없이 행복하다.

책치고 값지고 의미 없는 것은 없다 하지 않는가. 생물을 전공한 사람으로 나만 알고 넘어가기란 아쉽고, 죄스러운 일이라 낙명(落命)할 때까지 줄기차게 쓰고 또 쓸 참이다. 남이 알아주지 않아도 좋고, 많이 읽히지 않아도 좋다. 열렬히 읽어 주는 독자 한 사람만 있어도 써야 한다. 누에는 죽어서 실 뽑기를 그친다고 하지.

마지막 교정을 끝내고서 들어가는 글을 쓸 때마다 느끼는 것이지만, 좀 더 잘 쓰지 못한 것이 내내 후회막급하다. 이번 책도 나름대로 피땀을 흘렸건만 마음에 덜 차고 미련이 남는 미완성의 글이 되고 말았다. 다음엔 더 좋은 글을 쓰겠다고 새롭게 마음을 다지면서……. 언젠가도 말했듯이 '원숭이도 읽을 수 있는' 쉬운 글을 쓸 것이다.

한데 아마도 이 책을 집어 보면 생물학 냄새가 펄펄 날 것이다. 특히 생물 이름 다음 괄호 속에 비스듬히 드러누운 이텔릭체를 한 것이 즐비하다. 학명(學名, scientific name)이다. 대학 때 우리말 이름도 중요하지만 학명을 외우라고 선생님들께서 채근하셨던 기억이 난다. 학명엔 그 생물의 특성이 고스란히 들었고, 외국 학자와도 학명만 대면 서로 말이 통하기 때문이다. 그런 점에서 학명을 이해해 주기 바란다.

그리고 자주 하는 말이지만, 글을 쓰면서 우리말이 어쩌면 그렇게 예쁜지 새삼 놀란다. 순순한 우리말을 아는 재미에 푹 빠져 글을 쓴다고 하여도 과언이 아니다. 그래서 좀 어렵다 싶은 우리말을 골라서 읽는데 도움이 되라고 띄엄띄엄 아래에 토를 달았다. 또 곱게 그린 세밀화(삽화) 몇 장도 양념이 되어 책의 맛을 더한다 하겠다.

또 가끔 글맛을 내느라 속담이나 익은 글(관용어)을 찾아 넣어 감칠맛을 내게 한다고 애를 쓴 것도 사실이다. 그리고 책장을 펼쳐 보면 영어가 유달리 많은 것도 느낄 터이다. 그 또한 까닭이 있다. 과학의 뿌리가 서양이라는 것. 정작 외국어를 하지 않고는 과학을 못한다. 우리가 쓰는 과학 용어들도 거의가 일본·중국 학자들이 번역한 것을 그대로 받아쓰고 있어 본래의 뜻을 제대로 전하기가 어렵다. 다시 말하지만 영어를 익히지 않고는 생물(과학)을 할 수 없다는 것을 알고 너무 영어에 거부감을 보이지 말 것이다.

이번 책은 「교수신문」에서 연재한 '권오길의 생물 읽기 세상 읽기'의 글 중에서 근래 3년에 걸쳐 쓴 것(69회부터 126회까지)을 묶어 두 번째로 나가는 것이다. 그 앞의 1회에서 68회분은 역시 을유문화사에서 '괴짜 생물 이야기'로 출간한 바 있다. 사실 23년째 연재하는 「강원일보」의 '생물 이야기' 말고도 「조선일보」의 '달팽이박사 생물 이야기', 「월간중앙」의 '권오길이 쓰는 생명의 비밀' 등등을 준비하느라 눈코 뜰 새 없이 글에 푹 파묻혀 산다.

어떤 이는 글쓰기가 밥 먹기와 숨쉬기와 같아서 자기는 "글을 쓸 때만 살아 있다"고 한다. 어쨌거나 하나에 천착(穿鑿, 파고 듦)하는 것은 더할 나위 없이 즐겁다. 그렇지만 구성지고 걸쭉한 글을 쓰지 못했다. 어수룩한 글 솜씨를 탓하지 않았으면 좋겠다. 앞으로 더욱 신명(身命)을 아끼지 않고 멋진 글을 쓰겠다고 약속하면서 갈음하는 바이다.

chapter

1

작고 별나지만
지혜로운 미물들

길바닥에 도토리를 떨구는
독특한 산란 습관, 도토리거위벌레

갈잖은 7월 장마가 끝나고, 본격적으로 마지막 노염(老炎)이 기승을 부릴 줄 알았는데 그게 아니다. '장마 총량의 법칙(?)'에 따른 탓인지는 몰라도, 장마철에 못다 내린 비를 내리느라 그런지 늦여름 장마가 제법 오래간다. 한데 걸으면 살고 누우면 죽는다는 와사보생(臥死步生)이란 말만 믿고 하루도 빼지 않고 미련스럽게 무려 인생의 절반, 삼십 년을 걸었다. 오늘 오후도 춘천의 애막골 산등성이를 걷고 뛸 참인데, 그러고 나면 밥맛도 나고, 밤잠도 잘 와서 좋다. 게다가 노구에 군살만큼 해로운 것이 없다기에 배고픔을 즐기며 산다. 물론 걸으면서 깊은 상념에 잠기는 것도 좋고.

오솔길 양편은 주로 소나무 숲이지만 띄엄띄엄 참나무들도 자리하는데, 참나무란 참나뭇과의 신갈나무, 떡갈나무, 갈참나무, 졸참나무 따위를 이른다. 산책을 즐기는 독자들 중에서도 매해 이맘때면 빠짐없이 참나무 아랫길 바닥에 도토리가 매달린 참나무 잎가지가 발에 밟힐 정도로 즐비하게 널브러진 풍경을 맞닥뜨린 적이 있을 것이다. 나를 좀 아는 사람들은 어리둥절 영문을 몰라 저게 뭐며, 왜 그런가를 따져 묻는다.

그것들을 허리 굽혀 주워 보면, 하나같이 도토리를 매단 아지(兒枝, 어린 줄기) 끝자락이 2~3센티미터 남짓 가위나 칼로 자른 듯 끊어졌으니, 이는 저절로 떨어진 것이 아니라 뭔가가 일부러 그렇게 했음을 직감하게 한다. 이것은 도토리를 축내는 해충인, 흔히 '도토리가위벌레'라고 불리는, '도토리거위벌레(Mechoris ursulus)라는 놈이 한 짓이다.

어쨌거나 괴기한 산란 버릇을 가진 도토리거위벌레는 딱정벌레목, 거위벌레과에 들며, 성충의 몸길이는 약 9밀리미터이고, 날개 길이와 비슷하게 긴 주둥이가 났으며, 주둥이가 길쭉한 것이 마치 거위를 닮았다고 해서 도토리거위벌레란 이름이 붙었다. 한살이(생활사)는 알-애벌레-번데기-어른벌레 순이고, 암컷은 수컷에 비해 머리 뒤쪽이 짧은 편이다. 체색은 짙은 자줏빛을 띤 붉은색이고, 머리와 가슴은 검은색이며, 몸은 배 쪽으로 굽어 있어 살지고 뚱뚱하게 보인다.

아무튼 막 주운 나뭇가지 끝에 달린 풋도토리는 하나같이 아직 여린 것이 새파랗고 반드르르하며, 다 자라지 못해 총포(總苞, 꽃의 밑동을 싸고 있는 비늘 모양의 조각)가 변한 깍정이인 각두(殼斗)에 파묻히다시피 한다. '깍정이'란 열매를 감싸고 있는 술잔 꼴의 받침대로 소꿉장난 하면서 밥그릇, 국그릇으로

도토리거위벌레

도토리거위벌레는 주둥이가 길쭉한 것이 마치 거위를 닮았다고 해서 이 같은 이름이 붙었다. 예리하고 긴 주둥이로 도토리에 구멍을 내고 알을 낳으면 5~8일이 지나 애벌레가 부화하여 도토리를 파먹고 자라게 된다.

썼던 것으로, 도토리가 익으면 절로 씨알과 각두는 서로 나누어 떨어진다.

그런데 깍정이에 눈을 가까이 대고 가만히 살펴보니, 중간쯤에 거무튀튀한 반점 하나가 별나게 눈에 띄어 그 자리를 손톱으로 조심조심 까 보니 안의 도토리에도 빠끔한 흑점이 하나 나 있는 게 아니겠는가. 틀림없다, 도토리거위벌레의 성충(어른벌레)이 깍정이와 도토리에 예리한 긴 주둥이를 꽂아 구멍을 내고, 거기에 산란관을 꽂아 수정란을 산란한 자국이다. 그러고 난 후에 가지 끝자리를 가윗날같이 날카로운 주둥이로 무쩍무쩍 잘라 얼른 땅바닥으로 떨어뜨린다. 도토리거위벌레 성충 한 마리가 보통 이삼십 개의 알을 슨다고 하니 한 마리가 도토리 가지 여럿을 떨어뜨리는 셈이다. 그런 내력도 모르는 아낙네들은 도토리묵을 해 먹겠다고, 흐드러지게 떨어진 도사리(다 익지 못한 채로 떨어진 과실)와 함께 길바닥의 그것들도 싹싹 쓸어 담는다.

도토리 속의 도토리거위벌레 알은 5~8일이 지나 애벌레로 부화하여 도토리를 파먹고 자라 20여 일 뒤에 땅속으로 3~9센티미터 깊이까지 파고들어 가 흙집을 지어 유충 상태로 월동하고, 이듬해 5월 하순경에 번데기가 되었다가 성충으로 자란다. 어른벌레가 된 그놈들은 참나무를 타고 올라가 산란 행위를 벌인다.

늦봄에 도톰한 직사각형의 딱지를 닮은 잎 뭉텅이가 길바닥 곳곳에 흐드러지게 깔려 있는 것을 본 적이 있을 것이다. 이는 왕거위벌레(*Paracycnotrachelus longiceps*)라는 딱정벌레목, 거위벌레과 곤충의 소행이다. 서양에서는 잎말이(leafrolling) 선수라고 해서 잎말이딱정벌레로 불리는 거위벌레로 (우리나라에 60여 종이 있음) 또한 거위를 **빼닮았다**.

왕거위벌레는 몸길이가 8~12밀리미터이며 대체로 붉은 갈색인데 딱지날개와 앞가슴등판은 검붉은 색이며 광택이 강하고, 알-유충-번데기-성충의 완전변태(갖춘탈바꿈)를 한다. 이 종 역시 산림 해충으로 잘 알려져 있다. 도토리거위벌레처럼 참나무를 먹이식물로 삼으며, 너부죽한 참나무 잎에 산란하고, 굳센 잎맥을 깨물어 흠집 내어 꼬부리기 쉽게 한 다음 김밥처럼 잎사귀를 켜켜이 돌돌 말아 뭉쳐서 나무에 매달아 두거나 맨땅바닥에 떨어뜨려 두니, 부화된 유충은 그 잎을 갉아 먹고 자란다.

여기까지 두 곤충의 독특한 산란 습성을 간단히 살펴봤는데, 놀랍게도 덜 익은 도토리에 구멍을 뚫어 알을 낳는 것도 그렇지만, 잎을 마름질하는 솜씨도 믿기지 않을 만큼 섬세하고 정교하다. 아무리 타고난 본능이라 하지만 놈들의 재주가 참 용하다 하겠다.

도토리와 관련해서는 예로부터 이런저런 말들이 많다. 고만고만한 사람끼리 서로 다투는 것을 놓고 "도토리 키 재기"라거나 "난쟁이끼리 키 자랑하기"라 한다. "개밥에 도토리"

란 따돌림을 받아서 여럿 축에 끼지 못하는 사람을 이르는 말
이다. 또한 "도토리가 지리면[1] 흉년"이라는 말도 있다. 아직
올해 굴밤[2]소출이 어떤지 가늠하지 못하겠지만, 아무렴 다람
쥐, 멧돼지가 굶는 한이 있어도 우리는 배불리 먹어야 할 터
인데…… . "풍년 개 팔자"가 됐으면 좋겠다.

---

1 '무성하다'란 의미로 사용되는 경상도 사투리.
2 '도토리'의 방언.

책을 망친다는
억울한 누명을 쓴 학자, 책벌레

○

　지금 이야기하려는 '책벌레'라고 불리는 '먼지다듬이벌레'는 과(科) 단계에서 좀과의 좀과는 조금 다르지만 크게 보면 서로 비슷하다. 좀은 세계적으로 330여 종이 알려져 있고, 우리나라에서는 좀과에 속하는 한국좀(*Ctenolepisma longicaudata coreana*) 한 종만 알려져 있다. 책장을 넘기다 보면 눈에 보일 듯 말 듯하게 발견되는 책벌레를 보통 사람들이 그냥 좀이라 해도 큰 잘못은 없을 것이다.

　좀과 관련해서는 "좀이 들다(좀이 물건을 쏠다)", "좀이 쑤시다(마음이 들뜨거나 초조하여 가만히 있지 못함)", "갖에서 좀 난다" 등의 말이 있다. 여기서 갖은 가죽의 옛말로, 가죽을 쏠아 먹는 좀이 가죽에서 생긴다는 뜻으로 화근이 그 자체에 있음을 이른다. 또한 가죽에 좀이 나서 가죽을 다 갉아 먹게 되면 결국 좀도 살 수 없게 된다는 의미로, 형제간이나 동류끼리의 싸움은 양편에 모두 해롭다는 뜻이다. 또 '좀팽이'라 하면 몸

좀

"좀이 들다", "좀이 쑤시다", "갖에서 좀 난다" 등등 좀과 관련한 말들은 의외로 많다. 좀은 세계적으로 330여 종이 알려져 있는데, 우리나라에서는 좀과에 속하는 한국좀 한 종만이 알려져 있다.

피가 작고 좀스러운 사람을 낮잡아 이르는 말이거나 자질구
레하여 보잘것없는 물건을 말하며, '좀스럽다' 하면 사물의 규
모가 보잘것없이 작거나 도량이 좁고 옹졸한 것을 뜻한다.

책다듬이벌레는 흔히 먼지다듬이벌레로 불리는데(*Liposcelis
divinatorius*) 다듬이벌레목에 책다듬이벌레과에 속하는 곤충
이다. 우리말 이름에서 '먼지'는 역시 '작다'는 뜻이고, 다듬잇
방망이를 닮았다고 붙인 이름인 듯하다. 서양에서는 'book
lice(책좀)'라 하며, 일명 '책벌레'로 불린다. 미리 말하지만 책
벌레는 덥고 습한 환경을 좋아하여 주로 서가의 고서나 쌓아
둔 종이, 종이 상자 속에 서식하며, 사람에게 특별한 해를 가
하거나 병을 옮기지 않지만 흔히 알레르기나 아토피 환자를
괴롭히는 수가 있다고 한다.

세계적으로 분포하는 종으로 1,650여 종이 살고 있으며, 날
개가 있는 것, 짧은 것, 없는 것 등 여러 종류가 있다. 옥외의
것들은 주로 수피에 난 지의류(地衣類, lichen)를 먹고 살며, 아주
미소한 탓에 느지막이 요새 와서 신종으로 기재되어 제 이름을
얻기에 이르렀다.

수컷은 숫제 없고, 암컷 혼자서 버젓이 처녀생식을
(parthenogenesis)한다. 다시 말하면 암컷이 알(미수정란)을 낳
고, 그것이 발생한 유충은 모두 암컷이 되어 또다시 미수정란
을 낳는 것을 반복한다. 수놈이 생기지 않기 때문에 개체 수
가 기하급수적으로 늘어나는 것이 특징인 생식법이다. 봄여

름의 진딧물도 같은 발생을 하니, 장미 잎줄기에 다닥다닥 떼거리로 붙어 있는 진드기를 쉽게 볼 수 있다. 암튼 사람도 처녀생식을 한다면 아웅다웅 부부 싸움 없이 살지 않을까 하는 뜬금없고 같잖은, 요망스런 생각을 해 본다.

몸뚱이는 연약하고 뚱뚱한 편이고, 집 안에서 사는 놈들은 날개가 없으며, 1.6밀리미터 정도로 눈곱만 한 것이 아주 작고, 3쌍의 다리 중에서 제일 뒷다리가 굵어서 빠르게 움직인다. 성체는 반투명한 흰색이거나 회갈색이고, 또렷하고 큰 두 개의 겹눈과 3개의 홑눈에, 머리방패는 크고 볼록하며, 긴 촉각(더듬이)은 실오라기 모양으로 12~50마디로 이루어져 있다. 여러 마디로 된 배(복부)가 제일 크고, 가슴 부위는 오목 들어간 것이 머리(두부)보다 작다.

암컷이 알을 하나하나씩 먼지 구덕[1]에 낳고, 2~4주 후에 부화하며, 성체가 되는 데는 약 2개월이 걸린다. 한살이(수명)는 약 6개월로 집 안에 서식하는 놈들은 네 번 허물을 벗는다. 번데기 시기가 없는 불완전변태(직접발생)를 하기에 성체와 유생은 맵시가 흡사하다. 먼지다듬이벌레는 기온이 낮은 10월에서 다음 해 1월까지는 암컷 한 마리가 20개가량의 알을 낳는데 비해 기온이 높은 여름철에는 60여 개를 낳는다고 한다.

---

1 '구덩이'의 방언.

24

책벌레는 그 모양이나 크기가 사람의 피를 빠는 몸이 (sucking lice)를 닮아 붙은 이름이다. 실제로는 빈대 유충을 닮았으며, 오직 진균류인 곰팡만 먹고 산다. 만일 곡식이나 음식, 책에 이것들이 많이 끼고 끓는다면 이는 환경(습도와 온도)이 적합하여 거기에 곰팡이가 핀 탓이다. 따라서 책을 상하게 하는 것은 결코 책벌레가 아니고 거기에 핀 곰팡이 놈들이다. 온도와 습도를 낮추면 저절로 곰팡이가 사라지고, 따라서 책벌레도 저절로 없어질 것을 가지고 안절부절못하고 넌덜머리를 내며 애먼 먼지다듬이벌레만 죽일 놈으로 구박하고 욕한다. 번지수를 잘못 찾은 것이다.

책벌레와 사람은 오래 묵은 사이가 아닌가. 하여 천불이 난다고 수선 떨고 야단법석을 부려 해로운 살충제를 뿌리고 할 까닭이 없으며, 오직 에어컨이나 제습기를 써서 습기를 없애 주면 된다. 옛날에도 장마 끝에는 다락 구석에 쌓였던 너덜너덜한 책을 들어내 그늘에 널어 거풍(擧風)하였으니 실은 물기 밴 책을 바람에 쐬어 곰팡이를 죽이자고 그랬다.

이런 벌레가 생겨나지 않게 하기 위해서는 곤충이 기피하는, 고체에서 액체를 거치지 않고 곧바로 기체로 변하는 승화물질인 나프탈렌을 쓴다. 대부분의 물질이 열을 받아 온도가 올라가면 고체, 액체, 기체 순으로 상태 변화가 일어나는 것에 반해 나프탈렌은 결합력이 무척 약한 분자 결정을 이루고 있어 상온에서도 냉큼 기체로 변한다.

죽기 살기로 독서하고 공부하는 데만 열중하는 사람을 놀림조로 흔히 책벌레라 부른다. 또한 글만 읽어 세상일에 서투른 선비를 서생이라 했다. 아무렴 책벌레와 가까이 지내야 할 사람은 우리 교수님들이 아닌가 싶다. 그렇고말고, 꼭 그래야 한다.

사람만큼 피곤하게 이용당하는 불쌍한 해충, 학질모기

모기 보고 칼을 뺀다는 견문발검(見蚊拔劍)이나 파리에 노하여 칼질은 한다는 노승발검(怒蠅拔劍)은 보잘것없는 작은 일에 지나치게 화를 내는 소견머리 없는 사람을 칭한다. 귓전에 앵~~~, 초저녁잠을 설치게 하는 모기나 콧등에 날아들어 오수(午睡)의 즐거움을 빼앗아 가는 파리(다 날개가 한 쌍인 쌍시류의 곤충이다) 모두 귀찮고 성가신 밉상꾸러기들임엔 틀림없다. 요새 집엔 다들 방충망이 있어 옛날과 좀 다르긴 하지만 어쩌다 새어 들어오면 사람을 괴롭히기 일쑤이다.

알다시피 학질모기들은 해마다 범세계적으로 수백만 명의 목숨을 앗아가는 지독한 말라리아(malaria, 학질)를 옮기는데 조매[1] 그 수가 수그러들 기미를 보이지 않는다고 한다. 가뜩이나 곧잘 낫지 않고 애를 먹이는 까다로운 병이라서 어렵고

---

1 '여간해서'란 의미로 사용되는 경상도 사투리.

힘든 일을 간신히 피하거나 면했을 때 "야, 정말 학질 뗐다"라고 한다. 학질모기는 세계적으로 460여 종이 알려져 있으며(그중 30~40종이 병을 옮긴다), 우리나라 학질모기는 중국얼룩날개모기(*Anopheles sinensis*, 속명 *Anopheles*는 '얼룩날개모기', 종명 *sinensis*는 '중국'이란 뜻이다)이며 배(복부)를 치올려 앉으므로 다른 모기와 쉽게 구별된다.

그런데 생물들은 서로 정해진 끼리끼리만 연관을 맺는 '종 특이성(species specificity)'이라는 것이 있다. 일본뇌염은 '일본뇌염모기'라고도 부르는 다른 속(屬, genus)의 작은빨간집모기(*Culex tritaeniorbynchus*)가 옮기는 것도 정한 이치다. 그런데 말라리아가 우리나라에서 사라진 것으로 알았으나 난데없이 다시 생겨난 것은 북한의 학질모기가 남하한 탓으로, 비무장지대와 인접한 지역에 유달리 많이 나돈다고 한다. 미리 말하지만 학질의 주범은 결단코 모기가 아니고 모기의 침(타액)에 묻어 들어온 원생동물인 삼일열원충(*Plasmodium vivax*) 때문이다.

삼일열원충의 한살이를 보면, 모기 침샘에 삼일열원충을 가진 모기가 생사람을 물면 그때 스포로조이트(sporozoite)가 피를 타고 간세포에 들어서 분열, 번식하여 메로조이트(merozoite)를 만들고, 이것이 간세포를 터뜨리고 나와 적혈구로 들어가고, 거기서도 세차게 번식하여 메로조이트를 만들어 적혈구를 터뜨리고 나와 또 다른 적혈구에 들어가기를 되풀이한다. 어허! 이거야 원. 온통 붉은피톨[2]이 산산조각으로 깨지고, 터지고, 바스러진다.

이렇게 학질에 걸린(메로조이트를 가진) 환자의 피를 다른 성한 암컷 모기가 빨면 그것이 모기 위에서 암수 배우자가 만들어지고, 수정하여 우사이트(oocyte)라는 다른 형태로 바뀌어 위벽을 뚫고 들어간다. 그것이 또 다른 모습으로 바뀌어 침샘으로 이동하여 스포로조이트가 되어 머문다. 이런 모기가 또다시 탈 없는 사람을 물어 감염시키는 것인데, 모기의 침샘에서 시작하여 사람의 몸을 한 바퀴 돌고 새로이 모기의 침샘까지 돌았으니 이것이 속칭 '플라스모디움(plasmodium)의 일생'이다.

결국 삼일열원충은 모기에서는 유성생식, 사람 몸에서는 무성생식을 한다. 그런데 왜서[3] 기생충들이 이런 거추장스런 한살이를 하는지는 해석이 분분하다. 그리고 사람들은 걸핏하면 입술을 사리물고 모기를 죽일 놈으로 몰아붙이며, 공연히 밉보고 고깝게 여겨 타박하고 구박하려 들지만 앞에서 봤다시피 모기도 삼일열원충들에게 양분을 뺏기고, 위 다치고, 하물며 죽는 수도 있다고 한다. 녀석들을 그리 언짢게 여기지 말자, 영락없이 모기도 우리와 다르지 않게 삼일열원충의 희

---

2 적혈구.
3 '왜'라는 뜻의 강원도 사투리.

생물인 것을!

앞의 원충의 생활사에서 본 것처럼 학질에 걸리면 무엇보다 수많은 간세포와 적혈구가 결딴나고 요절난다. 특히 망가진 적혈구의 헤모글로빈 부산물인 거무스름한 불용성인 헤모조인(hemozoin)이 간이나 지라[비장(脾臟, spleen]에 쌓여서 큰 부작용을 일으킨다. 뿐만 아니라 빈혈, 두통, 혈소판 감소 등의 증세를 보이며, 거기에 병이 더치면[4] 눈이 때꾼해지고[5] 삐쩍 마르면서 힘이 빠져 생명까지 잃는다. '3일 열'은 3일마다 정해진 시간에 적혈구를 동시에 파괴하며 그때마다 심한 고열에 엄청난 오한을 느끼니 이것이 학질의 전형적인 특징이다. 필자가 어릴 때만 해도 아무런 약이 없어 무진 애를 먹었으나 요새는 예방용은 물론이고 치료약도 개발되었다고 한다.

이렇듯 복잡다단한 생활 내용을 알아내기 위해서 얼마나 많은 학자들이 힘겹게 애를 썼을까? 모름지기 말라리아는 삼일열원충 탓이며, 모기는 오로지 원충을 옮겨 주는 한낱 짐꾼(매개체, vector)일 뿐!

기생충이 숙주의 행동을 바꾸는 일례로, 학질모기(숙주)를 플라스모디움(기생충)이 어떻게 능숙하게 요리, 조정하는가를 보자. 사실 모기는 '학질 매개체'라는 누명을 쓰고 억울하게

---

4 나아가던 병세가 다시 더해지다.
5 눈이 쏙 들어가고 생기가 없는 모습.

산다. 학질모기의 변명 아닌 해명을 좀 들어보자. 플라스모디움에 감염된 모기는 수명이 짧아지는 것은 물론이고 죽기도 한다고 했고, 다른 동물의 피를 빤다는 것은 언제나 위험이 따르는 것이라 모기(피를 빠는 것은 암놈이고 보통 때는 암수 모두 식물 즙을 빤다)는 필요 이상으로 흡혈하는 것을 겁낸다. 그러나 시건방진 플라스모디움이 모기를 '드라큘라'로 만들어서 물불 가리지 않고 공격적으로 피를 빨도록 충동질한다. 그렇게 암컷 모기는 '귀신이 씌어' 자기도 모르게 이성을 잃고 죽기 살기로 달려든다. 이런 예는 쌔고 쌨으니, 미친개가 무는 것도 광견병바이러스의 부추김 때문이라고 하지 않는가. 생존과 번식은 모든 생물의 근본적이 본능인 탓에 기생생물들도 수단 방법을 가리지 않고 남다른 꼼사리 작전을 구사하여서 후손을 더 많이 퍼트리려 드는 것이다.

곤충 세계의 할리우드액션, 의태(擬態)의 모든 것

○

"눈 가리고 아웅 한다"는 얕은수의 눈가림으로 남을 속이려 한다는 말이 아닌가. 사전에서 '의태'를 찾아보니, 1)어떤 모양이나 동작을 본떠서 흉내 냄, 2)동물이 자신의 몸을 보호하거나 사냥하기 위해서 모양이나 색깔이 주위와 비슷하게 되는 현상이라 적혀 있다. 비슷한 말로 '짓시늉'이 있다. 여우가 호랑이의 위세를 빌려 호기를 부린다는 호가호위(狐假虎威) 또한 짓시늉일 터다. 그처럼 남의 세력을 빌어 위세를 부리는 사람도 허다하다지.

한데, 의태어란 말이 있으니 인간이나 사물의 모양, 행동 따위의 양태를 묘사한 낱말의 총칭을 일컫는다. "후닥닥, 촐랑촐랑, 기웃기웃, 방긋방긋, 울긋불긋, 반짝반짝, 사부랑삽작, 엎치락뒤치락, 붉으락푸르락……"이 그 예요, 사물이나 인간이 내는 소리를 모방한 의성어("개골개골, 기럭기럭, 깔딱깔딱, 까르르……")와 함께 상징어에 속하며 의성어보다도 의태어가 더 발달하였다고 한다. 말에도 본떠 만든 것이 있더라!

생물학적인 의태란 동물이 다른 생물이나 무생물의 모양·색채·행동·소리·냄새를 가짜로 겉치레(덧칠)하고 꾸미며 제삼자를 속이는 현상이다. 사실 넓고, 깊고, 멀리 보아 꼼수 아닌 것이 없으니 흉내 내고 은폐하고 위장하는 것이 모두 의태다. 은폐(위장)는 동물이 눈에 띄지 않게 하는 것으로 작은 나뭇가지와 엇비슷한 대벌레나 자벌레나방의 유충, 조약돌과 유사한 메뚜기, 바다 물풀(해조)과 흡사한 해마 등의 거짓 꾸밈이 보신술의 좋은 예다. 이것이 피식자의 위장이라면 포식자도 그 짓을 하니, 꽃과 닮은 모습으로 숨어서 벌레를 기다리는 버마재비(사마귀)나 가짜 먹이를 어른거리게 하여 다른 물고기를 유인하는 아귀 등의 공격의태가 그것이다. 뿐만 아니라 암벌의 생식기 모양의 꽃을 피워 수벌을 유인하여 꽃가루받이를 하게 하는 난초 무리도 있는가 하면 갈맷빛 청개구리와 농녹색의 나뭇잎을 구분 못 하는 보호색도 위장이다.

보통은 한 동물이 '양이 늑대 옷을 입듯이', 악취를 내거나 독침 같은 센 무기를 가진 동물의 몸 빛깔과 비스꾸리하게[1] 바꾸는 것, 즉 포식자에 그다지 해가 없는 종이 해로운 종을 닮는 것을 발견자인 헨리 월터 베이츠(Henry Walter Bates)의 이름을 따서 베이츠 의태(Batesian mimicry)라 한다. 말벌의 윙

---

1 서로 비슷하다는 뜻의 전라도 방언.

작고 별나지만 지혜로운 미물들

윙거리는 소리인 봉성(蜂聲)은 물론이고 무서운 몸빛(경계색)은 몸을 오그라들게 하지 않던가. 예컨대, 일종의 경계의태로 아무 무기가 없는 가녀린 꽃등에나 범하늘소가 독침을 가진 꿀벌이나 장수말벌 모양으로 변장하는 것도 베이츠 의태이다.

그리고 분류상으로 깊은 유연관계가 없으면서도 같은 포식자의 먹잇감이 되는 여러 나비나 벌이 서로 무늬 등의 경고신호가 비슷해져서 포식자가 그것들을 멀리하는 것을 역시 발견자인 프리츠 뮐러(Fritz Müller)의 이름을 따서 뮐러 의태(Müllerian mimicry)라 부른다. 다시 말하면 독성을 가진 두 종류 이상의 곤충들이 서로 흡사해지는 것은 포식자를 혼란케 한다. 이로써 생존 가능성이 높아진다. 아무튼 베이츠 의태와 뮐러 의태를 똑 부러지게 그 차이를 논하기는 어렵지만 이들이 의태 연구의 선구자들임은 틀림없다.

독 없는 총독나비가 유독한 제왕나비를 닮은 것도 베이츠 의태이다. 총독나비(*Limenitis archippus*)는 북미와 멕시코에 분포하며, 날개 길이는 53~81밀리미터로 제왕나비(*Danaus plexippus*)보다 좀 작고, 유충은 버드나뭇과의 버드나무(*Salix* sp.[2])나 미루나무(*Populus* sp.) 따위 잎을 갉아 먹는다. 따라서 유충의 몸 안에는 아스피린 성분(아세틸살리실산)인 쓸쓰레한 살리실산이 들어 있다. 그리고 유생이나 번데기가 새똥을 닮

---

2 sp.는 species(종)의 약자로 종명(種名)이 확실치 않을 때 그렇게 쓴다.

게 날조하여 새들이 먹지 않게 하는 보호 장치를 갖춘다.

그런가 하면 제왕나비의 유생은 박주가리 잎을 먹고 자라는데 거기엔 심장에 해를 끼치는 독 성분인 강심배당체(cardiac glycoside)가 들어 있다. 알싸한 그것은 성체 나비가 되어도 여태껏 몸에 남아 있어 제왕나비를 한 번 먹어 본 새는 호되게 당해 다시 먹길 꺼린다. 그런데 애벌레가 독이 없는 버드나뭇과 식물을 먹고 자란 총독나비도 새들이 멀찌감치 피해 간다. 총독나비는 크기나 색깔, 무늬가 제왕나비를 본받았으니 포식자인 새들이 또래들을 혼돈하여 먹지 않는 것이다.

실은 박주가리 같은 숙주식물은 어느 것이나 나비 유충 따위에 먹히기 않기 위해 독성을 만들었던 것이다. 그러나 이렇게 식물이 독성을 만들면 따라서 곤충도 그 독성을 무해한 것으로 만들고, 잇따라 아등바등 신물질을 만드는 '군비 경쟁'을 악착같이 지금도 이어 가고 있으니 이를 공진화(共進化, coevolution)라 한다. 식물도 분명 의태를 할 것인데 아직 확실하게 이렇다 하고 설명하기가 어렵다고 한다.

일목요연하게 그리 쉽게 설명하기 어려운 복잡한 노림수도 비일비재하다. 나비와 나방의 날개에 있는 '뱀눈' 무늬나 물고기들 몸에 새겨진 '눈알' 문양도 경계(공갈 또는 협박)의 의미가 있을뿐더러 급하면 머리가 아닌 가짜 눈을 공격하게 하여 살아남겠다는 흉내질이다. 꼬마물떼새의 경우 천적이 알을 낳은 둥지 가까이 오면 어미 새는 날개를 다치거나 다리가 부러진 것처럼 가장하여 천적을 멀리 떨어진 곳으로 유인하는 속임수를 보인다. 축구 선수들이 골문 앞에서 페널티킥을 끌어내기 위해 벌이는 거짓 행동(할리우드액션) 또한 의태라면 의태다. '모방은 창조'라 했던가?

코끼리 코와 같은 주둥이를 가진 벌레, 쌀바구미

○

내가 어릴 적만 해도 집에서는 디딜방아로 곡식을 찧었지만 세월이 지나면서 나락 부대를 남부여대(男負女戴)하여 정미소(방앗간)로 가 품삯을 주고 도정했다. 그런데 지금은 집집마다 쌀 찧는 기계(도정기)가 있어 쌀을 빻아 오래 두지 않고 그때그때 필요하면 내다 쓿으니[1] 편리하기 짝이 없다. 참 좋은 세상이다!

필자도 디딜방아를 많이 찧어 봤다. 디딜방아에는 한쪽이 가위다리처럼 벌어져서 두 사람이 찧는 양다리방아와 한 사람이 찧는 외다리방아 두 가지가 있었다. 다리에 힘을 주기 위해 방앗간 천장에다 매어 늘인 굵직한 새끼를 팔로 세게 잡아당기며, 이야기를 나누거나 노래를 불러 가며, 발로 디딤대를 힘껏 밟았다. 한데 외다리방아는 일본, 중국 등지에도 있

---

1 거친 쌀이나 조, 수수 등의 곡식을 찧어 속꺼풀을 벗기는 일.

지만 양다리방아는 한국 고유의 발명품으로서 세계 어느 지역에서도 볼 수 없다고 한다. 쿵당, 쿵당, 쿵쿵 짓찧어 지축을 흔드는 그때의 방아 소리가 귀에 쟁쟁하도다!

쌀을 쓿기 위해 묵은 가마니의 나락을 쏟으니 자잘한 벌레가 새까맣게 '거미 알 슬듯' 온통 갈피를 못 잡고, 목을 빼고는 사방팔방으로 어물거리며 줄행랑을 친다. 성충들이 어두운 곳을 좋아하여, 햇빛을 피하는 습성이 있어 그렇다. 그것이 쌀바구미(*Sitophilus oryzae*)다. 이것은 절지동물의 곤충강, 딱정벌레목, 왕바구미과의 곤충으로, 몸은 긴 원통형이고, 쪼매한[2] 것이 몸은 아주 굳고 야물다. 몸길이는 3~4밀리미터이고, 흑갈색으로서 앞가슴의 등과 굳은 딱지날개(앞날개) 위에 작고 둥글면서 우둘투둘 얽은 자국이 많이 있으니 이를 점각(點刻, 점으로 새긴 그림이나 무늬)이라 한다.

또 바구미류는 머리에 코끼리의 코와 같은 주둥이가 앞쪽으로 쑥 길게 뻗거니와 그 길이, 너비, 생김새는 종에 따라 모두 다르나 머리 앞의 뿔 닮은 주둥이는 보통 1밀리미터로 체장의 3분의 1이다. 암컷이 수놈보다 좀 더 크고, 수컷 주둥이는 뭉뚝하고 짧으며, 암컷의 것은 가늘고 길고, 수놈 등짝은 거칠고 윤기가 없으나 암컷은 반드럽고 광택이 있다. 이렇게 성적 이형성(sexual dimorphism)을 보인다.

---

2 '작다'라는 의미의 경상도 사투리.

바구미류는 외부의 자극을 받으면 다리와 더듬이를 움츠리고 죽은 척 가사(假死, feign death) 상태로 꼼짝도 않는다. 그리고 요상하게도 몇 종의 바구미들은 내장에 세균이 들어 있어서, 세균들은 아미노산이나 비타민을 바구미(숙주)에 주고, 세균은 바구미 몸 안에 살터를 잡으니 서로 공생 관계다. 우리 내장 세균도 큰 틀에서 이들과 하나도 다르지 않다.

쌀바구미의 원산지는 인도로 여겨지는데 한국을 비롯하여 온대 지방이면 세계 어디에서나 서식한다. 곡식의 수출입 탓에 더욱 빠르게 널리 퍼졌는데 한국에는 쌀바구미속(*Sitophilus*)에 속하는 14종이 있다고 한다. 성충은 기온이 15~16도가 되면 활발히 활동하고, 몹시 누기[3]가 돌고 후터분한 28~29도가 최적 온도며, 40도가 되면 활동을 멈춘다.

어른벌레로 쌀, 밀, 옥수수, 수수 등의 곡식 낟알 속에서 겨울나기를 하고, 낟알에서 나와 3~4일이면 짝짓기를 한다. 암컷은 날카롭고 뾰족한 주둥이로 딱딱한 생쌀을 이여차, 영차 끌이나 드릴처럼 갉고 파 구멍이 뚫리면 한 구멍에 알을 낳으며, 끈적끈적한 젤라틴 물질을 분비해 구멍을 틀어막는다. 쌓은 지 오래된 쌀 포대를 쏟아부어 보면 쌀알들이 덩어리를 지우는 경우가 있는데 바로 이 물질 때문이다.

산란 시기에 따라 약간 다르지만, 암컷 1마리가 통산 하루

---

3 눅눅하고 축축한 기운.

쌀바구미

쌀바구미는 절지동물의 곤충강, 딱정벌레목, 왕바구미과의 곤충으로 몸은 긴 원통형이고, 쪼매한 것이 몸이 아주 굳고 야물다. 흑갈색에 앞가슴의 등과 굳은 딱지날개 위에 작고 둥글면서 우둘투둘 얽은 자국 같은 점각이 많이 나 있다.

에 2~6개의 알을 낳는데 일생 동안 300개가 넘게 낳는다. 한 세대에 걸리는 일수는 기온에 따라 달라서 발생 최적기인 7월 중순에서 8월 중순까지는 23~30일이고, 4월과 9월 하순에는 약 60일이 소요된다.

더구나 성충들은 공중을 아주 잘 날 수 있고, 2~4년을 산다. 보통 곡식 한 알에 길이 0.7밀리미터, 폭 0.3밀리미터의 알 하나를 낳고, 알은 3~4일 후에 부화하며, 아주 작고 하얀, 다리가 없는 유충은 19~34일 동안 자라서 번데기가 된다. 번데기는 환경 조건이 좋으면 3~6일 후에 우화하여 바야흐로 성충이 되지만 좋지 않으면 20일도 걸리는데 이것이 쌀바구미의 일생(한살이)으로 좋은 조건에서 어림잡아 5~7세대를 이어 가니 대단한 번식력을 지녔다고 하겠다.

번데기가 우화하여 나온 낟알에는 뻥뻥 구멍이 뚫리거나 싸라기가 되고 만다. 그래서 다 큰 성체보다 앳된 유충이 더 해롭고, 쌀벌레가 조져 놓은 쌀을 들어내 체에 쳐 보면 하얀 쌀가루가 먼지처럼 쏟아지니 놈들이 곡식을 갉아 먹으면서 생긴 부스러기이다.

애벌레는 딱딱한 먹이를 즐기는 버릇이 있어서 저장 곡물에 해를 끼치지만 밀가루 같은 가루 식품에서는 살지 못한다. 그리고 알곡 안에서 자라는 애벌레의 호흡으로 수분이 높아지고, 열이 발생하여 쌀알이 흐물흐물하게 되어 갉기 쉽게 된다. 따라서 변질·부패되어 품질이 떨어진다.

해충인 쌀바구미 구제에는 여러 가지 방법이 있지만 생각보다 그리 시원치 않다. 얄궂게도 수놈들이 짝꿍을 꼬드겨 모으기 위해 페로몬(pheromone)을 분비하는데, 합성 페로몬으로 이들을 끌어모아 잡는다. 그리고 바구미가 끓는 것을 예방하기 위해 쌀자루에 마늘이나 생강을 넣기도 하는데, 요새는 놈들이 싫어하는 냄새를 풍기는 포장된 약을 판다. 무엇보다 쌀의 해충을 박멸하는 가장 좋은 방법은 영하 18도 이하에서 약 3일간 냉동시키거나 60도에서 15분간 두는 것이다.

풀숲에 숨어 기회를 엿보는
성가신 흡혈귀, 작은소참진드기

필자가 매일 해거름에 걷는 춘천의 애막골 산마루턱 아래, 숲이 꽉 우거진 산골짜기에, 반늙은이 여자 한 분이 홀로 언덕배기에 밭도 좀 갈면서, 땅개 스무여 마리와 닭 십여 마리를 치면서 산다. 배산임수(背山臨水)라고 그 외진 곳에 우물이 있었기에 불법 거주가 가능했던 것이다. 매일같이 길바닥에 개를 드러눕혀 놓고는, 머리를 수긋한 채 뭐라 구시렁거리며, 이 잡듯 진드기를 잡는다. 몸의 **빽빽**한 털 사이에 가뭇가뭇 들끓으니, 몸이 납작한 것에서 피를 빨아 배가 **빵빵**한 놈까지 떼어 내 손톱으로 꼭꼭 눌러 죽인다. 나도 해 본 가락이 있는지라 이따금 함께 진드기 사냥을 하는데, 그때마다 옛날 소의 배 바닥 아래에 몸을 웅숭그리고 들어가, 눈을 치켜뜨고 놈들을 잡던 생각이 절로 난다.

'소에 잘 달라붙는 작은 진드기'란 뜻의 작은소참진드기(*Haemaphysalis longicornis*)는 절지동물문, 진드기아강, 참진드기과의 한 종으로 어린 시절 '가분나리', '가분다리', '가분지'라고도 불렀다. 이들 흡혈 진드기는 체외기생하며, 숙주는 포유류(소, 말, 사슴, 염소, 개, 돼지, 고양이, 토끼, 사람 등등)와 조류가 주이지만 가끔 파충류나 양서류에도 기생한다.

이 진드기는 한국, 일본, 중국, 러시아, 오스트레일리아, 뉴질랜드 등지에 살며, 국내에서는 제주도, 경기도, 강원도 등 전국적으로 분포하고 있다. 오래전부터 있어 왔겠지만 그 정체를 알지 못하고 지내다가, 2011년에 이 진드기가 병원체인 플레보바이러스(*Phlebovirus*속에 속하는 RNA 바이러스)를 매개하여 SFTS(중증 열성 혈소판 감소 증후군, Severe Fever with Thrombocytopenia Syndrome)를 걸리게 한다는 것이 알려지게 되었다. 중국에서는 이미 2,400여 건이, 일본에서도 여럿이, 우리나라에서는 2013년 5월 16일 제주도에서 이 병에 걸린 환자를 확인하기에 이르렀다. 이 병에 걸리면 전신이 나른한 것이 고열이 나고, 설사, 복통, 식욕 부진 등의 증상과 함께 구역질이 나고, 혈소판이나 백혈구가 급감한다. 그런데 이들 진드기의 0.5퍼센트만이 바이러스를 가지고, 걸려도 치사율이 6퍼센트 정도로 독감 정도의 위험성이 있다니 무섭고 두렵게 여길 병은 아니다.

누구나 풀밭에서는 소매와 바짓가랑이가 있는 옷을 입으며, 소매나 바지 끝을 단단히 여미거나 토시, 장화를 착용하는 것이 좋다. 풀밭에 옷을 벗어 놓거나 눕지 말아야 하고, 누워 잠을 자는 것은 더욱 위험하다. 또 들일을 하고 나면 겉옷을 세탁하고 얼른 몸을 씻어야 한다. 그런데 아무리 그래도 그렇지, '살인 진드기'가 뭐람. 그냥 '가분나리'라 해도 될 것을 말이지. 진드기도 바이러스에 걸려 죽을 맛인데 말이다.

진드기의 몸은 구기(口器, 입 틀)와 작은 머리가 붙은 전부(前部)와 다리, 소화관, 생식기관들이 있는 후부(後部)로 나뉜다. 암수 모두 황갈색 또는 녹갈색으로 더듬이, 겹눈, 날개가 없고, 다른 거미처럼 4쌍의 걷는 다리인 보각(步脚)을 가지며, Y자 모양의 항문이 뒤쪽에 있고, 숨구멍인 기관(氣管)은 네 번째 다리 뒤에 있다. 유충 시기에는 다리가 3쌍이지만 탈피하여 약충(若蟲, 애벌레)이 되면서 4쌍이 된다.

필자도 평생 가분나리의 한살이가 궁금했는데 차제에 어렵게 찾았다. 작은소참진드기의 생활사는 크게 알, 유충, 약충, 성체 네 단계로 이루어지고 매번 허물을 벗기 전에 흡혈한다. 초봄에서 늦가을까지가 아주 활동적이며, 3~4월에 산란하고, 60~90일 후에 부화한다. 잘하면 1년에 두 번 산란한다.

알에서 부화한 애벌레는 서둘러 풀 줄기의 맨 꼭대기로 살금살금 기어 올라가 몰래 붙어 있다가 숙주가 지나치면 잽싸게 찰싹 옮겨 붙는다. 무임승차가 따로 없다. 곧바로 한 댓새 흡혈하고는 숙주에서 떨어져 눅눅하고 어둑한 곳을 찾아 들어가 30여 일간 탈피 준비를 한다. 처음으로 탈피한 약충은 다시 허둥지둥 풀숲의 풀잎 끝자락으로 타고 올라가 뒷짐 지

작고 별나지만 지혜로운 미물들

45

고 느긋하게 기다리고 있다가 또 다른 숙주에 붙어 7일간 피를 빤 다음 또다시 음습한 곳으로 떨어져 성체가 되기 위한 탈피 준비를 약 40일간 한다. 이렇게 두 번째 탈피하여 어른 벌레가 된 암컷은 숙주를 만나 7일 이상 피를 빤 다음(피 빨기를 시작하여 3~4일에 짝짓기를 한다) 바닥으로 떨어지기 바쁘게 산란 장소를 찾는다. 1~2주 후에 알을 낳기 시작하여 2~3주 만에 2,000여 개의 알은 낳는다. 알 상태로 월동한 뒤에 이듬해 봄이 오면 부화하여 또 다른 생활사를 이어간다.

성충은 빈대를 닮은 것이 아주 납작하며(암컷은 몸길이 3밀리미터, 수놈은 2.5밀리미터), 수놈 정액에 암컷을 폭식하게 만드는 물질이 들어 있어서, 암컷은 알을 낳기 전에 톱니 같은 이빨을 푹 박아, 몸무게의 수십 배에 달하는 피를 빨아 약 1센티미터까지 빵빵하게 부풀어 오른다. 그때의 모양이 똑 피마자(아주까리) 씨를 천생 닮았으니, 그래서 생겨난 것이 "진드기가 아주까리 흉보듯", "진드기와 아주까리 맞부딪친 격"이란 말이다. 사람을 성가시게 굴 때 "진드기 같다"라 하고, "진드기가 황소 불을 잘라 먹듯"이란 속담이 있는 것을 봐도 우리나라의 진드기 역사가 무척 오래된 것임을 짐작케 한다. 여름날 진드기를 잡아 주는 것이 일과나 다름없었으니(겨울엔 없음) 겨드랑이나 불알 같은 보드랍고 얇은 맨살에 뒤룽뒤룽 붙은 놈을 잡아떼 모아서 닭장에 던져 주기도 했다. 아무렴 영양가 만점인 선지피가 아니던가.

수레를 멈춰 세운
용맹한 벌레, 사마귀

○

　피부에 낟알만 하게 도도록하고, 납작하게 돋는 반질반질
하고 전염성이 있는 군살이 바로 사마귀(wart)이다. 사람 몸에
생기는 사마귀를 '무사마귀'라고 부르기도 한다. 무사마귀 중
에서도 입언저리에 붙으면 먹을 복이 있을 '복사마귀'라 이르
고, 눈 주변에 생긴 것은 눈물을 닮았다 하여 '물사마귀'라 부
른다.

　그런데 곤충에도 같은 이름의 사마귀가 있으니 아마도 한
자로 쓴다면 '死魔鬼(사마귀)'가 맞지 않을까 싶다. 낫의 날 같
은 앞다리를 쩍 벌리고, 뾰족하고 날카로운 주둥이를 가진 역
삼각형의 머리에 방울 같은 큰 눈을 가지는데, 가까이 가도
꿈쩍 않고 노려보는 이런 녀석을 맞닥뜨리면 누구나 섬뜩하
게 느껴지니 말이다. 버마재비와 사마귀는 모두 널리 쓰이므
로 둘 다 표준어로 삼는다 하고, 북한어에 "버마재비가 수레
를 버티는 셈"이란 말은 제 힘에 부치는 엄청난 대상에 맞서

려는 무모한 짓을, "버마재비 매미 잡듯"은 불시에 갑자기 습격함을 비유적으로 이르는 말이다.

그런데 사마귀가 한자 死魔鬼란 말에 뿌리가 있다면, '버마재비'는 '범의 아재비'가 어원일 듯싶다. 게아재비, 별꽃아재비, 미나리아재비, 벼룩아재비, 새우아재비 따위의 동식물 이름이 있는데, 여기서 '아재비'란 아저씨의 낮춘 말로, 식물의 이름 뒤에 붙으면 모양이나 생김새가 비슷하다는 뜻이고, 곤충이나 동물 이름 뒤에 붙으면 "~보다 무섭다"란 뜻이 된다. 그래서 '범아재비'를 소리 나는 대로 적어 버마재비가 된 것인데, 버마재비는 '범(호랑이)처럼 무서운 곤충'이란 뜻이다.

그런데 컴퓨터도 너무 똑똑해서 탈이다. '버마재비'로 써 놓았는데 갑자기 띵! 소리를 내면서 몇 번이나 '미얀마재비'로 바꿔 놓는다. 잘난(?) 컴퓨터에는 버마는 옛 이름이고, 지금은 미얀마로 부른다고 입력되어 있는 탓이렷다. 그래서 인터넷에 보면 버마재비를 '미얀마재미'라고 부르는, 말도 안 되는 괴이한 일이 일어났다.

춘추시대 제나라 장공(莊公) 때의 일이다. 어느 날 장공이 수레를 타고 사냥터로 가던 도중 웬 벌레 한 마리가 앞발을 도끼처럼 휘두르며 수레를 쳐부술 듯이 덤벼드는 것(거철拒轍)을 보았다. 마부를 불러 그 벌레에 대해 묻자, 마부가 "저것은 사마귀(당랑螳螂)라는 벌레이옵니다. 이 벌레는 나아갈 줄만 알고 물러설 줄을 모르는데, 제 힘은 생각하지도 않고 적을 가볍게 보는 버릇이 있습니다"라고 말했다. 그러자 장공은 "이 벌레가 사람이라면 반드시 천하에 용맹한 사나이가 될 것이다"라고 말하면서 수레를 돌려 피해 갔다고 한다. 여기서 파생된 성어(成語)가 바로 당랑거철(螳螂拒轍)이다. 사마귀가 수레를 막는다는 말로, 자기 분수를 모르고 상대가 되지 않는 사람이나 사물과 대적할 적에 이르는 말이다. 실제로 사마귀는 두 앞다리를 벌렁 벌리고 겁 없이 달려드니, 그들의 생태를 잘 알아 이런 성어를 만들 수 있었던 것이리라. 당랑거철을 다른 말로 당랑당거철(螳螂當車轍), 당랑지부(螳螂之斧), 당랑지력(螳螂之力)이라고도 하는데 모두 같은 의미이다.

그럼 사마귀가 어떤 모습을 하는가 보자. 사마귀는 절지동물, 사마귓과의 곤충으로 흰개미나 바퀴벌레와 가까운 무리로 주로 열대·아열대에 많이 분포하고, 세계에 1,800여 종이 알려져 있다. 한국에는 사마귀, 왕사마귀 등 4종이 있고, 한국, 일본, 중국 본토에 산다.

암컷은 수컷보다 매우 크고, 배(복부)가 넓다. 머리는 역삼각형으로 작고, 두 더듬이는 매우 가늘고 길며, 큰 턱에 있는 입은 저작(씹기)에 알맞은 육식성으로 곤충 말고도 때로는 개구리나 도마뱀과 같은 척추동물도 공격 대상이 된다. 목이 가늘고, 머리와 앞가슴부의 관절이 발달하여 머리를 사방 300도로 까닥까닥 자유롭게 잘 움직인다. 아주 발달한 눈에 의존하여 먹이를 잡는데, 큰 겹눈(복안)은 10,000여 개의 낱눈(개안)

이 모인 것으로 머리의 양 모서리에 붙어 있으며, 각 눈에 있는 검은 점은 가짜 눈동자(pseudopupil)이다. 홑눈은 보통 3개이고, 가슴에 3쌍의 다리가 붙으며, 낫 모양의 앞다리는 포획다리로 크고 긴 가시가 한가득 나 있어서 한번 잡은 먹잇감은 절대 놓치지 않는다. 가운뎃다리와 뒷다리는 걷는 다리인 보각(步脚)으로 가늘고 길며 날개는 얇고 보드라운 막질로 넙적하여 등에서 배까지 덮고 있다.

이들은 진딧물이나 다른 소형 곤충을 먹는데 먹을 것이 없으면 끼리끼리도 사정없이 드잡이하고, 종국엔 서로 잡아먹는 동족포식(cannibalism)을 한다. 모질고 잔인한 놈들로 남의 살을 먹는 것이 이만저만 포악한 게 아니다. 기막힌 살생 유전자를 가진 놈들이다.

어디 그뿐일라고. 갖은 아양 다 떨어 암컷 마음에 든 수컷은 조심스럽게 암놈 등짝에 올라 앞다리로 암놈의 가슴팍을 세게 붙잡고는 애써 짝짓기를 시작한다. 세상에 이런 주제넘고 방자한 창조물이 또 어디 있담. 거미 따위가 그렇듯이 사마귀 암컷 놈이 야멸치게[1]도 흘레붙는[2] 중에 느닷없이 수컷을 잡아먹어 버리니 이런 기습을 성적 동족포식(sexual cannibalism)이라 한다. 교미 중인 수놈을 낚아채 머리부터 어

---

1 자기만 생각하고 남의 사정을 돌볼 마음이 없음.
2 '흘레하다'를 이르는 말로 교미하다는 뜻.

귀적어귀적, 자근자근 씹어 버리니 속절없이 머리통을 잃은 수컷, 무두웅(無頭雄)은 다른 동물들이 그렇듯 자기의 죽음을 감지하고는 더 강렬하게 정자를 쏟아 낸다. 여러 말할 것 없다. 사람은 언감생심, 감히 꿈도 꾸지 못할 일로 씨(정자)를 주고 살까지 바치는 것이 사마귀 수컷이다! "당신, 세상에 둘도 없는 훌륭한 내 자식을 낳아 주시오" 하고 말이다.

펄 벅이 『대지』에서
소름 돋게 묘사한 곤충, 메뚜기

○

"메뚜기도 유월이 한철이다", "뻐꾸기도 유월이 한철이라"
는 말은 다 제때를 만난 듯이 한창 날뜀을, "산신 제물에 메뚜
기 뛰어들듯", "산젯밥에 청메뚜기 뛰어들듯"이란 자기에게
는 당치도 않은 일에 참여함을 이른다. 아무튼 다 때가 있어
서, 밭농사나 자식 농사, 공부 농사도 적기를 놓치면 두고두
고 후회하는 법이다.

메뚜기는 메뚜기목에 속한 종들을 통칭하고, 거기엔 귀뚜
라미·꼽등이·땅강아지·베짱이·여치·풀무치·벼메뚜기들이
들며, 전 세계에 2만여 종이, 한국에는 200종 안팎이 있다고
한다. 메뚜기 무리는 날개가 두 쌍으로 앞날개는 곧게 굳어
빳빳하다고 직시류(直翅類)라고 하고, 뒷날개는 보드라운 막
질(膜質)로 부채 모양을 하며, 가만히 있을 때는 앞날개 속에
접어 넣는다. 메뚜기의 영어 이름 그래스하퍼(grasshopper)는
풀(grass) 위를 폴짝폴짝 뛴다(hopping)는 뜻이다. 바쁘게 이

나라, 저 나라를 뛰어다니면서 외무(外務)를 볼 때에도 '메뚜기 외교'라 한다.

메뚜기는 곤충의 특징을 고스란히 죄다 갖췄기에 곤충 설명의 대변자(모범)로 쓰인다. 몸은 머리·가슴·배 세 부분으로 나뉘고, 2쌍의 날개와 3쌍의 다리를 가지며, 머리에는 1쌍의 더듬이·1쌍의 큰 겹눈·작은 3개의 홑눈이 있다. 가슴은 앞가슴·가운데가슴·뒷가슴의 3체절로 구성된다. 가운데가슴에 앞날개가, 뒷가슴에 뒷날개가 달렸으며, 일반적으로 앞날개는 뒷날개보다 좁고 두껍다. 또 세 가슴 체절엔 각각 한 쌍씩의 다리가 붙으며, 크고 길쭉한 뒷다리는 뜀뛰기에 알맞게 되어 있다.

그런데 벼룩이나 메뚜기의 높고 먼 도약이나 나비, 모기의 재빠른 날갯짓은 결코 근육의 힘이 아니라 겉뼈대(외골격)에 든 레실린(resilin) 단백질의 탄성 때문인데 현재 그 특성과 원리를 운동 기구나 의학, 전자 기구를 만드는 데 응용하고 있다.

메뚜기의 한살이는 알→여러 번 탈피하는 애벌레→어른벌레로 이어진다. 번데기 시기를 거치지 않는 불완전변태를 하므로 애벌레는 날개만 작은 성충 모습을 하며, 일반적으로 번데기 시기를 거치는 완전변태의 애벌레를 유충이라 부르지만 불완전변태를 하는 애벌레는 약충(若蟲, nymph)이라 부른다. 그리고 암컷은 배 끝에 있는 산란관 돌기를 땅 속에 밀어 넣어 알을 낳는다.

"남쪽 하늘에 검은 구름처럼 지평선 위에 걸려 있더니 이윽고 부채꼴로 퍼지면서 하늘을 뒤덮었다. 세상이 온통 밤처럼 캄캄해지고 메뚜기들이 서로 부딪치는 소리가 천지를 진동했다. 그들이 내려앉은 곳은 잎사귀 하나 볼 수 없고, 모두 졸지에 황무지로 돌변했다. 아낙네들은 향을 사다가 지신님께 도움을 청하는 기도를 올렸고, 남정네들은 밭에 불을 지르고 고랑을 파며 장대를 휘두르며 메뚜기 떼와 싸웠다."

위의 글은 노벨문학상 수상 작가인 펄 벅의 『대지』에 등장하는 섬뜩하고 소름 돋는 일부 모습을 묘사한 것인데, 여기에서 나오는 메뚜기는 '풀무치(*Locusta migratoria*)'다. 이렇게 풀무치의 떼 지움(무리, 쏠림, 몰림) 같은 집단행동을 'swarming behavior'라 한다. 이는 별안간 뇌의 시상하부에서 생성되는 신경전달물질인 세로토닌(serotonin)이 증가한 탓으로, 체색이 바뀌고, 많이 먹게 되며, 새끼를 많이 깔겨 한껏 몰려다니면서 다짜고짜로 풀이란 풀은 모두 거덜을 낸다고 한다.

풀무치는 황충(蝗蟲)이라고도 불리는데, 역시 메뚜깃과의 곤충으로 메뚜기보다 날개가 발달하여 높이 올라가 멀리까지 난다. 몸길이는 수컷이 약 45밀리미터, 암컷이 60~65밀리미터로 다른 곤충들처럼 암컷이 수컷보다 크다. 황충의 체색은 녹색이거나 갈색이고, 볏과 식물을 주로 먹으며, 온도·습도·햇빛·먹이 등의 조건이 적합하면 많은 개체가 발생해 떼 지어 휘몰아치면서 스스럼없이 농작물을 닥치는 대로 먹어 치운다.

"황충이 간 데는 가을도 봄"이라는 말이 있는데 농작물이 크게 해를 입어 가을 추수 때가 되어도 거둘 것이 없어 봄같이 궁하다는 뜻이다.

여기서 벼메뚜기 이야기를 뺄 수 없지. 벼메뚜기(*Oxya chinensis sinuosa*)는 몸길이 약 21~35밀리미터이고, 수컷은 염색체가 23개, 암컷은 24개이며, 메뚜기를 꽉 쥐고 있으면 입에서 거무죽죽한 냄새 나는 진을 토하니, 자신을 보호하기 위한 방어 물질이다.

그토록 '똥구멍 찢어지게' 배고팠던 시절에 벼메뚜기는 개구리, 다슬기, 미꾸라지와 함께 푸진 단백질거리로 으뜸이었다. 메뚜기 잡기에 이력이 나서 오목하게 오그려 쥔 손바닥을 휙 내둘러 녀석들을 잡았으니 백발백중이요, 암수가 짝짓기 중인 것(곤충들은 보통 작은 수컷이 덩치가 큰 암놈 등에 업힌 듯 달라붙는다)은 일석이조다. 메뚜기를 잡아 강아지풀 줄기로 목(머리와 가슴팍 사이)을 줄줄이 꿰거나 병에 잡아 넣었으며, 소금 뿌린 기름에 튀기고 볶아 먹었으니 노릇노릇, 바삭바삭한 것이 고소해서 도시락 반찬으로도 썼다.

뿐만 아니라 암컷 방아깨비(*Acrida cinerea*)도 우리의 먹잇감이었으니, 크고 긴 뒷다리 둘을 포개 잡으면 몸통을 끄덕끄덕거렸다. 그 꼴이 꼭 디딜방아 찧는 모습이라 '방아깨비'란 이름을 얻었으리라.

사람의 피부 속에다
알을 낳는 발칙한 것들, 옴진드기

○

사람도 자연의 일부라 수많은 기생충들이 안팎으로 덤벼드니 그것들을 달고 살았다. 살갗에 붙어 사는 수많은 세균이나 곰팡이는 불문하고, 모기 같은 체외 기생충이나 회충 따위의 체내 기생충은 말할 것도 없다. 체외 기생하는 놈 중에 피부 속에 사는 피부 기생충이 있으니, 모낭진드기(모낭충, follicle mite)가 대표적이다. 다행히 이것들이 피부 건강에 큰 문제는 되지 않는다고 한다. 놈들은 이마, 뺨, 속눈썹, 겉눈썹, 코 언저리에 사는데, 모근을 둘러싸고 있는 털구멍인 모낭(毛囊, hair follicle)에 사는가 하면 기름기를 분비하는 지방선에도 산다. 이들은 털구멍 하나에 어림잡아 10마리 정도가 산다는데, 성충은 0.3~0.4밀리미터로 거미처럼 생긴 것이 4쌍의 다리가 붙었고, 털구멍을 살금살금 파고들기 편하게 길쭉한 몸에다 주둥이는 바늘처럼 뾰족하며, 죽은 살갗 세포나 모낭에 든 호르몬이나 지방을 먹고 산다. 그런데 이것들이 얼굴에 꿈틀꿈

틀, 꼼작꼼작 휘젓고 다녀도 놈들의 움직임이 역치(threshold, '문턱'이란 뜻으로 반응을 일으키는 데 필요한 최소한의 자극 세기를 일컫는다) 이하의 자극이라 숫제 가려움을 느끼지 못한다. 조금만 더 컸더라면 난리 날 뻔했네그려. 얼굴 온 사방이 간질간질했을 터이니 말이지.

운이 없을 때 "재수가 옴 올랐다(붙었다)" 하는데 한번 감염되면 잘 낫지 않고 오래가기에 생긴 말이다. 가려움의 대명사라 해도 될성부른 옴은 예전에 대유행했지만 1990년대 말부터 거의 찾아볼 수 없었던, 사라진 병으로 알았는데 놀랍게도 갑자기 부쩍 늘어 근래에는 서울아산병원에서, 그것도 직원들이 걸리는 일이 일어났다고 한다. 병원에 따르면 병원 내 물리치료사와 담당 간호사 2명이 전염성 피부 질환인 옴에 걸렸으며, "한 요양병원에서 이송된 뇌졸중 환자를 치료하다 생긴 일로 환자가 본 병원으로 올 때 당시 주요 질환 정보만 넘겨받았을 뿐 피부병에 관련된 정보는 받지 못했다"고 한다.

아무튼 모낭진드기와 사촌 간인 같은 거미류, 옴과의 절지동물인 옴벌레(옴진드기*Sarcoptes scabiei*, itch mite)를 보통 'scabies'라고도 하는데 이는 라틴어의 '*scabere*'에서 온 말로 '마구 긁음'이라는 뜻이며, 잘 낫지 않고 가렵다 하여 'seven-year itch'라고 불리기도 한다. 옴진드기는 둥그스름하고 납작한 것이 눈이 없으며, 역시 8개의 다리를 갖고, 암컷은 몸길이 0.3~0.4밀리미터로 수컷의 2배 크기이며, 현미경적[1]이라 잘 보면 흰 점처럼 보일 뿐이다. 사람이 육안으로 볼 수 있는 눈의 한계는 약 0.1밀리미터이다. 그러므로 현미경으로 옴진드기를 확인하여 병의 유무를 결정하는데 이 병에 대한 백신은 없다고 한다.

암컷이 살갗 각질층을 25분에서 1시간 동안 야금야금 입으로 파서 S자 모양의 굴을 만들며 들어가고, 따라 들어온 수놈과 짝짓기한 후에 생살 속에다 하루에 2~3개의 알(0.1~0.15밀리미터)을 낳는데 그때가 제일 가렵다고 한다. 이것은 일종의 알레르기 반응(항원항체반응)이다. 알은 3~10일 후에 부화하고, 까인 유충은 살갗을 더 파고들어 가 거기에서 3~4주간을 자라 성충이 된다. 성충은 살갗 위로 올라와 모낭 근처의 각질세포를 먹으며 자란 다음, 역시 교미, 산란하고 3~4주간 피부 위에서의 한생을 마감한다.

옴은 세계적으로 분포하며 어린아이나 노인, 부자나 빈자, 인종에 관계없이 걸리는 전염병으로 매년 3억 건이 발생한다고 전해진다. 주로 얇디얇은 손가락이나 발가락 사이나 팔목, 등짝, 궁둥이, 여자의 젖무덤 아래에 달라붙지만 철판처럼 두꺼운 얼굴이나 두피에는 파고들지 못한다. 한데 외부 생식기에도 붙는다. 여기에서 나온 말이 남이 꺼리는 일을 할 핑곗거리가 생김을 비유적으로 이르는 "옴 덕에 음부 긁는다"는 말이

---

1 현미경을 통해 봐야 할 만큼 아주 작은 것을 말함.

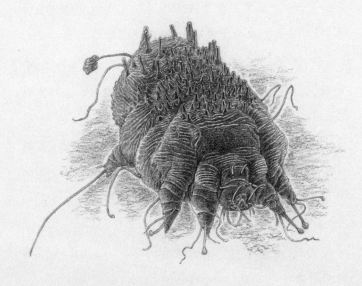

옴진드기

옴진드기는 둥그스름하고 납작한 것이 눈이 없으며, 8개의 다리를 갖고 암컷은 몸길이 0.3~0.4밀리미터로 수컷의 2배 크기이며 현미경적이라 잘 보면 흰 점처럼 보일 뿐이다. 이 옴진드기의 암컷은 사람 살갗 각질층에 S자 모양의 굴을 파서 알을 낳는다.

다. 좀 더 구체적으로 말하자면 가려운 자리를 긁었을 때 손톱 밑에 묻어 다른 사람과 악수를 하거나 만져 생기는 피부 접촉 감염으로 성관계를 할 때도 사면발니(*Phthirus pubis*)처럼 쉽게 옮는다. 그러므로 환자와 접촉을 피하고, 증상이 있다 싶으면 내의나 침구류들을 삶아 빨거나 다림질해야 한다.

옴은 4~6주간의 잠복기를 거쳐 활동하기 시작하는데, 주로 밤에 가려운 것은 옴진드기가 야간에 사람 피부의 가장 겉부분인 각질층에 야금야금 굴을 파고들기 때문이다. 이때 진드기의 분비물에 알레르기 반응을 일으켜 심한 가려움증이 나타나게 된다. 집먼지진드기(housedust mite)도 마찬가지이며, 조금 다른 아종(亞種, subspecies) 진드기들은 개를 위시해 가축을 괴롭힌다.

이 싸가지[2] 없는 녀석들이 내 손바닥에 아득바득, 덕지덕지 달라붙어 스멀스멀 기어 다닌다. 그러나 녀석들은 20도 이하에선 맥을 못 추고, 사람 몸에서 떨어져 나가면 24~36시간 후엔 죽어 버린다. 옴진드기가 죽은 뒤에도 꽤 오래 깨문 자국이 남는다. 굴이 시작된 부분에는 작은 살비듬이 생기며, 옴진드기가 들어 있는 곳에는 여드름처럼 부어오르고, 굴 아래에는 작은 물집 또는 고름 주머니가 형성되며 고름, 딱지, 종기, 염증 등이 발생할 수도 있다. 내 어릴 때만 해도 못 참

---

2 '싹수'의 방언.

을 정도로 가려워 죽기 살기로 **빡빡** 긁고 나면 진물이 질질 나고 살이 벌게져서 피가 송송 맺히고 세균이 묻어 헐기도 했다. 옛날에는 마냥 긁적거리며 '세월의 약'에 내맡기고 지냈지만 요새는 기찬 약이 있다고 하니 너무 겁낼 것은 못 된다.

알고 보니 반갑게 악수하며 옮기는 것에 세균, 감기바이러스뿐만 아니라 벌레도 한자리 차지하는 셈이다.

잠자리와 이부자리는
그들만의 천국, 집먼지진드기

○

    사람에겐 무척 귀찮은 손님인 집먼지진드기 이야기다. 집먼지진드기는 절지동물, 거미강, 먼지진드기과에 속하며, 세로무늬먼지진드기(*Dermatophagoides pteronyssinus*)와 큰다리먼지진드기(*Dermatophagoides farinae*) 및 주름먼지진드기(*Euroglyphus maynei*) 등 3종이 세계적으로 널리 분포한다. 집먼지진드기는 길이 0.4밀리미터, 너비 0.25~0.32밀리미터로 작고 투명하여 잘 보이지 않지만 검은 바탕에 올려놓고 보면 맨눈으로 겨우 보인다. 현미경으로 보면 난형(卵形)의 몸에 작은 가시털이 뾰죽뾰죽 나 있고, 야문 입이 앞쪽 다리 사이에 머리처럼 솟아 있다. 눈과 더듬이는 없다. 수놈의 수명은 보통 10~19일이지만 짝짓기를 한 암놈은 70여 일을 살면서 마지막 3일 동안에 60~100개의 알을 낳는다. 알은 부화하여 6개의 발을 갖는 유생이 되며, 3번 허물을 벗고 나면 강모(센털)가 듬성듬성 난 8개의 발(앞뒤 2쌍씩)을 지닌 성체가 된다.

우리 몸에 크게 해가 되지는 않지만 이들에 대해 면역계가 과민하게 반응하는 수가 있으니 이를 과민 반응 혹은 알레르기라고 한다. 집먼지진드기나 꽃가루, 애완동물의 분비물, 음식물 등이 흔히 알레르기의 18~30퍼센트를 일으킨다. 알레르기는 비염이나 눈의 결막염, 기도 천식이 만성적으로 지속되는 것이 특징이다. 진드기는 일생 동안에 한 마리가 2,000여 개의 변 부스러기를 만들며, 특히나 진드기의 내장에 들어 있는 소화효소가 진드기 똥에 묻어 나와 알레르기성 가려움, 기침, 재채기, 눈물, 콧물, 천식 등을 유발한다. 연중 봄철에 꽃가루알레르기가 있을 때에 더 심하고, 추워서 방문을 꼭 닫는 겨울도 그에 못지않다.

이들 진드기의 먹이는 이것저것 많으나 사람의 살가죽에 생기는 회백색의 잔 살 비늘인 비듬을 주로 먹는데, 그것도 곰팡이에 의해 반쯤 분해된 것을 먹는다. 참 이야기하기 쑥스럽지만 그때는 그랬다. 한겨울에 바짓단을 까뒤집어 보면 하얀 비늘이 주르르 밀가루처럼 흘러 내렸다. 겨우내 목욕하지 못한지라 그러지 않을 수 없었고, 이렇게 죽은 살갗 세포는 일주일에 약 10그램이 떨어져 나간다. 하여 아침 창문 틈새로 가느다랗게 새어드는 빛발에(틴달현상Tyndall phenomenon) 보이는 일직선의 희뿌연 먼지의 80퍼센트는 피부 조각이 잘게 잘라지고 깨진 것이며, 방바닥을 쓸고 또 쓸어도 먼지가 나오니 거의 대부분이 바로 각질 부스러기였던 것이다!

집먼지진드기는 몸에 달라붙는 기생충이 아니다. 바닥요나 매트리스 0.914제곱미터에 약 10만 마리가 사는데 베개 하나에는 칫솔에 묻은 것보다 더 많은 16종의 곰팡이도 산다고 전해진다. 거기에 진드기 수백만 마리가 득실거린다 하니 이는 비듬이라는 먹잇감이 많은 탓이다. 때문에 잠자리의 이부자리가 집먼지진드기의 천국인 셈이다. 우리가 만일에 현미경적인 눈을 가져서, 그것들이 떼 지어 스멀스멀 기어 다니는 것이 훤히 보였다면 어쩔 뻔했나. 어중간한 눈을 가진 것이 천만다행이로다!

이왕 하는김에 살 비늘(각질) 이야기도 해 볼까 한다. 털이나 손톱은 각질화한 것인데, 살갗에도 케라틴(keratin)이 쌓이는 각질화가 일어난다. 상피 제일 바깥에 생긴 각질형성세포(keratinocyte)가 질기고 야문 각질을 만든다. 각질형성세포는 핵이나 세포소 기관을 잃고 상피에서 떨어져 나가는데, 40~50일 주기로 죽고, 생김을 되풀이한다. 이들 각질형성세포가 죽어 만든 각질층은 병원균(세균, 곰팡이, 기생충, 바이러스)을 막는 장벽이 되고 또 열이나 자외선, 수분 증발을 막는 마개요, 덮개 역할을 한다. 각질은 우리가 흔히 말하는 '때'라는 것인데, 아랑곳 않고 때를 싹싹 문지르는 것은 DMZ의 철책을 걷어 버리는 꼴이나 다름없다!

이 글을 쓰면서 왜 목욕탕에서 때를 밀던 생각이 떠오르는 것일까? 이 또한 겸연쩍지만, 우리 어린 시절엔 누구랄 것도 없이 늦가을에 벌써 목욕은 언감생심, 이듬해 늦봄이나 돼야 몸에 물을 묻혔다. 물론 제삿날에는 소죽솥에서 데운 대얏물로 끼적끼적 목물 목욕 재개를 했다. 1960년대, 대학생 때도 한 달에 한 번 목욕탕에 갔을라나……. 탕에 들어가 실컷 때를 불리고, 때수건도 없어서 광목수건으로 죽기 살기로 온몸을 싹싹 문지르면 막국수 같은 때가 목욕탕 바닥에 한가득했고 힘이 빠져 기진맥진하기 일쑤였다. 각질층은 물론이고 그 아래 산 세포층인 상피, 더 아래의 신경과 실핏줄이 분포하는 진피까지 벗겼으니 살갗이 아프고 피가 뾰족뾰족 배어 나왔다. 그런데 요새도 때를 문지르는 사람을 본 적이 있으니……. 자기 살이 코끼리 살이라면 몰라도 그렇게 혹사할 수 없다. 때가 내 피부의 보호막이렷다! 때 벗기기를 절대 삼가라. 그럼에도 발본색원할 듯이 어처구니없게도 내일 죽을 사람처럼 뿌리를 뽑으려 든다. 그러나 때는 또 생긴다.

다시 집먼지진드기로 돌아가자. 평생을 함께 지내야 할 '손님'인 바에야 다 잡아 죽일 수도 없는 노릇이고 수를 좀 줄이는 것이 최상이다. 집먼지진드기는 20도 온도에 습도 45퍼센트가 최적 조건이고, 기온이 낮거나 건조하면 맥을 못 춘다. 그러므로 아침에 일어나면 먼저 이불과 요를 걷어치워 거기에 밴 땀을 말려 주고, 진공청소기로 자주 청소하면 훨씬 효과적이다. 센 햇볕에 일광소독을 시켜 주고, 60도의 뜨거운 물로 베개, 이불, 카펫을 세탁하는 것도 좋다. 암튼 우리는 몸 안팎으로 수많은 미생물에다 진드기들과 친구하며 산다. 숫제 너무 정갈하게 살 생각은 하지 말자. 수지청즉무어(水至淸則無魚) 인지찰즉무도(人至察則無徒)라 했다. 물이 너무 맑으면 고기가 없고, 사람이 너무 살피면 동지가 없는 법이다.

개미를 닮은
바퀴벌레 사촌, 흰개미

○

드넓은 자연을 깊숙이 들여다보면 생물들은 죄다 서로 돕지 않고 사는 것이 하나도 없다. "나쁜 놈, 기생충" 하지만 그 또한 먹고 먹히는 '먹이그물'의 한 코를 담당한다는 점에서 꼭 필요한 존재이다. 늘 말하지만 '어머니 자연(mother nature)'께서는 한사코 쓸모없는 것은 만들지 않는다! 말썽꾸러기 흰개미와 단세포생물인 원생동물의 한 종류(편모충)인 트리코님파 (*Trichonympha* spp.[1])들이 공생을 하는 것도 같은 이유이다. 흰개미는 트리코님파에 삶터를 제공하고, 트리코님파는 고래 심줄 같은 섬유소를 분해(소화)하여 흰개미에게 양분을 제공하면서 함께 산다는 이야기다.

흰개미는 얼핏 보면 개미를 닮았다. 이것들은 주로 땅 밑에 살아(나뭇가지에 매달아 집을 짓는 것도 있다) 빛을 받지 못해

---

1 spp.는 종명을 모르는 것이 여럿임을 뜻한다.

몸의 갈색 색소가 사라지고 하얀색을 띠기에 '흰개미'라 한다. 그들은 대부분 부패 중인 식물, 나무, 잎사귀와 흙, 동물의 배설물 등의 유기물 조각(찌꺼기)을 먹는다. 헤아리기조차 어려운 2,600여 종이 세계적으로 널려 있으며, 개중에서 10퍼센트 정도가 건물이나 곡식, 숲에 해를 입힌다고 한다.

흰개미는 절지동물의 흰개밋과의 곤충이며, 이름과는 달리 개미, 벌, 말벌과는 전혀 다르게 목재를 먹는 바퀴벌레나 버마재비(사마귀)와 더 가깝다. 그리고 개미와 흡사하지만, 개미에 비해 더듬이가 곧고, 허리가 잘록하지 않으며, 체색이 흰 것 또한 서로 다른 점이다. 그럼에도 불구하고 개미처럼 사회생활을 하고, 사는 터전이 개미와 아주 비슷하며, 똑같이 군집 생활을 해서 수백 만 마리의 유충, 일개미, 병정개미, 여왕개미가 한 집에 산다. 여왕개미를 제외하고는 모두 몸이 투명하며, 일개미는 하얀색이나 병정개미는 주황색이다. 또 여왕개미는 일개미와 별로 다르지 않으나 특별히 난소를 여럿 가져서 특출 나게 복부가 불룩하게 부푼다. 처음엔 얼마 크지 않았으나 교미를 한 다음에 몇 배로 늘어나 스스로 움직이지 못하기에 일개미들의 도움을 받아 자리를 옮긴다. 한마디로 '알 낳는 기계'가 되어 버리고 만다.

흰개미 여왕은 하루에 보통 2,000개의 알을 낳으니 한 평생(100년을 사는 것도 있다) 내내 낳은 산란 수가 무려 50억 개에 달한다고 한다. 자기보다 작은 부군(夫君)과 함께 왕실의 모퉁이에 머무르며, 항상 많은 시녀들이 양껏 먹여 주며 제반사를 떠받쳐 돌봐 주기에 오직 산란에만 전념한다. 이들은 불완전변태를 하기에 알에서 깬 어미를 닮은 어린 유충은 자라서 곧장 성충이 된다.

우리나라에는 흰개미와 집흰개미 2종이 서식한다고 한다. 흰개미는 죽어라 막힌 길을 뚫고 잘린 길을 이어 가며 기어이 전국에 퍼져 나가 온 사방에 자리 잡았다. 반면에 집흰개미는 우리나라 남부 지역에 극히 드물게 산다. 가장 쉽게 채집할 수 있는 곳은 고목의 그루터기로, 조심스럽게 겉을 걷어 내고 파고 들어가면 하얀 개미가 우글거린다. 한때 목조 건물인 해인사 절의 기둥이나 서까래를 싹싹 파먹어 골치를 썩였던 적이 있었던 놈들이다. 흰개미가 일단 건물에 침입하면 목재뿐만 아니라 종이, 옷가지, 카펫 따위의 섬유성인 것들은 마구 먹어 치운다.

그런데 흰개미 중에서 열대 사바나 지역의 것은 보통 높이가 2~3미터인 집을 짓지만 아프리카 및 오스트레일리아에는 큰 집채만 한 9미터가 넘는 집을 짓는 무리도 있다. 흰개미의 건축술은 만만치 않아 무척 교묘하고 정교하다. 보통 집을 땅 밑이나 쓰러진 커다란 나무둥치 속에 짓지만 땅 위에다 지상의 집도 지으니 그것이 유명한 흙더미인 개미 언덕(anthill)이다.

이제 흰개미의 창자 속에 사는 트리코님파를 이야기할 차례다. 트리코님파(Trichonympha)의 트리코(tricho)는 '털', 님

파(nympha)는 '아름다운 여인, 소녀'를 뜻하며, 흰개미 무리에 공생하는 공생생물(공생체)이다. 흰개미의 창자에 사는 트리코님파는 실제 크기가 약 300마이크로미터이고, 모양은 영락없이 눈물방울을 닮았으며, 나무 부스러기나 식물 섬유를 삼켜 세포 내 소화를 한다. 단세포인 이 편모충은 흰개미의 후장(後腸)에 사는데, 미토콘드리아가 없어 혐기성이며, 무기호흡인 해당작용(glycolysis)에만 의존하여 에너지를 얻는다. 사실 흰개미 창자엔 이 편모충 말고도 가늠하기조차 어려운 200여 종의 미생물이 득실거린다고 한다.

사람은 두말할 필요도 없고, 소나 염소 따위의 초식동물도 그렇지만, 흰개미도 나무 섬유소(다당류)를 먹기만 했지 전연 분해를 못 한다. 대신 뱃속의 트리코님파가 다당류인 섬유소를 셀룰로오스 분해 효소인 셀룰라아제(cellulase)를 분비하여 셀로비오스(cellobiose)라는 간단한 물질(이당류)로 소화시킨 다음, 또 다른 효소인 셀로비아제(cellobiase)를 분비하여 아주 간단한 포도당(단당류)으로 분해하니, 비로소 이 포도당을 흰개미가 얻어먹는다. 그 숙주에 그 공생생물이라고, 트리코님파처럼 흰개미가 아닌 다른 생물에서 절대로 살지 못하는 것을 '생물 특이성'이라 한다. 암튼 "세상에 공짜는 없다"는 말도 되새겨 볼 만한 대목이다.

섬유소를 먹는 곤충과 그것을 소화시키는 공생생물의 관계를 여태 보았다. 흰개미는 트리코님파에게 집을 빌려주고, 트리코님파는 대신 집세를 흰개미에게 낸다. 이렇게 유독 둘은 떼려야 뗄 수가 없는 숙명적인 만남이요, 연분이다. 서로서로 끼리끼리 애써 아끼고 도우면서 살아야지 앙앙불락(怏怏不樂)으로 척지고 지낼 까닭이 없다. 그렇지 않은가. 곤충이나 원생동물 녀석들보다 못해서야 어디 쓰겠는가. 공생이 곧 상생인 것이니 마땅히 늘 서로서로 거들고 도우며 살지어다!

chapter

2

바다를 벗 삼은
생존의 달인들

배가 고프면 꼬리를 무는
칼을 닮은 생선, 갈치

○

    갈치는 농어목 갈칫과의 바닷물고기로 몸뚱이가 기다란 칼 같다고 하여 '도어(刀魚)' 또는 '칼치'라 부르며, 서양인들은 옛날 선원이나 해적들이 쓰던, 칼날이 약간 휜 단검인 커틀러스 (cutlass)를 닮았다 하여 'cutlassfish', 꼬리가 띠 모양으로 긴 줄 같아서 'hairtail' 또는 'largehead hairtail'이라 부른다. 몸길이 1미터 정도로 좌우에서 세게 눌려 측편(側偏)되어 얄팍하며, 갈치의 '치'란 말은 그치, 양아치(거지) 등 사람을 낮잡아 이르는 말인데 좀 이상야릇하게 생긴 꽁치, 멸치, 갈치 등 길쭉한 물고기들에도 붙인다.

    대짜배기는 체장이 2미터까지 나가며 무게가 5킬로그램에 달한 것이 최고 기록이라 하고, 15년을 산 것도 흔하지 않게 본다고 한다. 눈은 또렷한 것이 매우 큰 편으로 머리 위쪽 가장자리 가까이에 자리하고, 두 눈 사이는 약간 함몰되었으며, 아가미 뚜껑이 발달하였고, 콧구멍은 1쌍이다. 입은 크며 아

래턱이 돌출하고, 양턱 앞부분의 이빨은 약간 고부라진 갈고리 모양으로 성깔머리 있는 이놈에게 한 번 물렸다 하면 끝장이다. 이렇게 이가 예리하다는 것은 육식을 한다는 의미이다.

작은 가슴지느러미가 달려 있으나 배지느러미와 꼬리지느러미는 없고, 등지느러미는 길어서 등마루를 죽 덮고 있으며, 뒷지느러미는 퇴화하여 아주 짧고 작은 돌기 모양인데 대부분 피부 아래에 파묻혀 있어서 손으로 만지면 깔깔하다. 한 줄의 옆줄(측선側線, 물살이나 수압을 느끼는 감각기관의 구실을 함)은 가슴지느러미 위에서 시작하여 비스듬히 내려와 꼬리까지 또렷하게 내리 이어진다. 몸에 비늘이 없고, 몸 빛깔은 번질번질 은백색으로 손으로 만지면 은가루가 묻어 나오는데 이것은 구아닌(guanine)이라는 물질이며, 인조 진주의 광택 원료로도 쓰인다. 그러나 물고기가 죽으면서 흐릿한 은회색으로 변색하고 만다.

갈치(*Trichiurus lepturus*)는 우리나라 남해와 서해, 중국해는 물론이고 세계적으로 온대, 아열대 바다의 대륙붕의 모래 진흙 바닥에 서식하며(깊게는 150~300미터에도 산다), 밤에 바다 표면으로 먹이를 따라 올라온다. 갈치는 급한 경우를 제외하고는 몸을 곧추세워 수면 근방을 맴돌면서 옆으로 헤엄치는데 가끔은 머리를 아래위로 움직여 'W' 자 모양을 그린다. 우리나라 갈치는 갈치밭인 제주도 서쪽 해역에서 월동하고, 4~5월에 서해 북쪽으로 이동하여 연안에서 산란하고, 9월경

수온이 내려가면 남쪽으로 내려와 제주 근해에서 다시 겨울나기를 한다. 보통 큰 놈 한 마리가 2밀리미터 약간 못 되는 엄청나게 많은 14,000~76,000개의 알을 낳으며, 이 많은 것들 중에 대부분은 자라면서 다 잡혀 먹히고 몇 마리만이 살아남아 세대를 이어간다. 2년이면 30센티미터 정도로 훌쩍 자라고, 체장이 25센티미터 이하에서는 수컷 개체가 많지만 그 이상에선 되레 암컷 수가 늘어나는 성전환을 한다. 육식성으로 어린 새끼인 풀치들은 새우, 곤쟁이 등 동물성 플랑크톤을 먹다가 성체가 되면 비로소 작은 물고기나 오징어들을 먹는다.

갈치와 관련해선 먹는 이야기를 뺄 수 없다. 자반갈치로 갈치찜, 생 갈치에 소금을 살짝 흩뿌려 놨다가 노릇하게 구운 구이, 감자를 썰어 넣어 바글바글 조린 발그레한 조림이나 자작하게 지진 찌개 말고도 배 위에서는 이제 막 잡은 물 좋은 것을 회로 떠 날로 먹기도 한다. 익힌 고기는 뽀얀 살이 부드럽고 기름기가 적으며, 뼈를 발라내기도 쉽고, 초식성 물고기에 비해 비린내도 덜한 편이다. 젓갈치고 갈치 내장 속젓만한 것이 없으니, 누가 뭐래도 밥 한 그릇 뚝딱, 입맛 돋우는 밥도둑이다. 이런! 침이 입안에 한가득 돈다. 그런데 세상 사람들의 입이 다 달라서 이 맛있는 갈치를 '비늘 없는 고기'라 하여 미국에선 먹지 않는다고 한다.

어류의 나이는 보통 비늘에 나무의 나이테(연륜年輪, annual ring) 같은 것이 나타나니 그것을 헤아리지만 갈치는 비늘이 없기 때문에 두개골의 뇌 바로 뒤에 있는 탄산칼슘이 주성분인 딱딱한 귓돌인 이석(耳石)을 엑스레이로 촬영해 자란 햇수를 알아낸다. 이석은 몸의 평형과 청각에 관여하는데 상어, 가오리, 홍어 따위의 연골어류에는 이것이 없다.

속절없이 고기 잡는 것이 천직인 어부들은 오징어잡이배에서처럼 벌건 대낮 같은 집어등을 활짝 켜고는 죽으나 사나 밤새도록 뼈 빠지게, 입감[1]으로 갈치꼬리포를 끼운 숱한 낚싯바늘이 달린 긴 줄을 죽을힘을 다해 휙휙 바다에 집어던졌다 끌어올린다. 플랑크톤들이 어화(漁火)[2]를 보고 수면으로 올라오면 작은 물고기 떼가 시끌벅적, 바락바락 기를 쓰고 따르고, 그 뒤를 갈치가 우글우글 잇따라 헐레벌떡 대든다. 영차, 이영차 갈치 풍년이 들어라! 옛날엔 무시무시하게 날 선 낚싯바늘에 입이 걸린 갈치를 자주 보았지.

이놈들은 먹을 게 없는 날에는 사정없이 서로 같은 종끼리 잡아먹는 동족 살생을 하니 이를 두고 나온 것이 "갈치가 갈치 꼬리 문다"는 말이다. 이는 친구들끼리나 친척 간에 서로 싸움질하는 것을 비유적으로 이르는 말이며, 비슷한 말로 "망둥이 제 동무 잡아먹는다"고 한다. 또 아무리 많이 먹어도 부르지 않는 날씬한 배를 '갈치 배', 비좁은 방에서 여럿이 모로

---

1 '미끼'의 충청남도 방언.
2 고기잡이하는 배에 켜는 등불.

잘 때를 '갈치잠'이라 일컫는다. 그리고 '값싼 갈치자반'이란 말은 값이 싸면서도 쓸 만한 물건을 이르는 말인데, 근래 와서는 갈치가 귀해 '은갈치'가 '금갈치'가 되었다고 한다. 우리가 먹는 생선의 80퍼센트 이상이 외국산이라 하는데, 자급자족이라는 것이 어찌 이리도 어려운 일일까?

다리도 제멋대로,
머리도 제멋대로, 문어(文魚)

문어는 연체동물, 두족강, 팔완목으로 주꾸미·낙지와 함께 다리(팔)가 여덟이고 오징어·꼴뚜기들은 다리가 열 개인 십완목이다. 문어와 관련해서는 "여덟 가랑이 대 문어같이 멀끔하다"란 말이 있다. 이 말은 무엇이 미끈미끈하고 번지르르하거나 생김생김이 환함을 이르는 말이다. 눈에 보이는 대로 기업을 확장하는 것을 두고 '문어발 경영'이라고도 한다. 문어는 세계적으로 300여 종이 있고, 가장 대표적인 것이 왜문어(*Octopus vulgaris*)이며, 문어 중에서 제일 큰 놈은 '거대태평양문어(giant pacific octopus)로 체중이 15킬로그램, 벌린 팔의 길이가 4.3미터나 된다고 한다.

문어는 주로 해조류가 그득 있는 암초 지대에 살며, 뼈가 없는 말 그대로 '연체'라 유연하게 몸을 비틀어 좁은 틈에도 기어든다. 또한 소라(고둥)를 깨어 먹을 정도로 날카로운 앵무새 부리를 닮은 키틴질의 부리(이빨)가 팔의 중앙부에 있어 물리면 다치고, 특히 열대 종인 푸른점문어(blue-ringed octopus)의 침(타액)에는 맹독성인 테트로도톡신(tetrodotoxin)이 있어 물리면 목숨을 잃을 수도 있다.

'바다의 카멜레온'이라 불리는 야행성인 이 동물은 몸 빛깔이 대체적으로 적갈색 또는 회색인데, 살갗의 색소포(chromatophore)에는 노랑, 빨강, 갈색, 귤색, 흑색 등의 색소가 들어 있어 자극을 받거나 주변 환경 변화에 따라 붉으락푸르락 제 맘대로 체색을 바꾼다. 또한 근육을 자유자재로 또르르 말고, 주르르 펴서 가시 돌기를 만드는가 하면 해초 꼴이나 울퉁불퉁 바위 모양도 만들어 내고, 또 너부시 엎드려 죄다 무서워하는 바다뱀이나 장어 흉내를 내기도 한다.

그리고 새우와 게(갑각류)나 고둥, 조개(연체동물)를 먹으며 갯지렁이도 주된 먹잇감인데, 먹이를 잡아 집으로 가져가 먹는 습성이 있어 이들의 집 앞에는 조개껍데기가 널려 있다. 또한 먹이를 잡으면 제일 먼저 침을 집어넣어 마비시킨 다음에 부리로 뜯는데, 딱딱한 껍데기를 가진 조개는 부리로 조가비에 구멍을 뚫어 거기로 독을 집어넣어 두 껍데기가 열리면 살을 뜯는다.

이들이 몸을 보호하는 작전은 여럿이다. 위장하고, 몰래 숨고, 경계색으로 겁주며, 안 되겠다 싶으면 멜라닌(melanin)이 주성분인 먹물을 뿜어 상어 같은 천적의 후각기를 마비시켜 추격을 피한다. 또 바로 눈앞에서 발각되어 오도 가도 못 할

최악의 지경이면 도마뱀처럼 제 다리를 스스로 잘라 주고 내뺀다. 이를 자절(自切)이라 한다. 그리고 제 패거리끼리 서로 헐뜯고 비방함을 일러 "문어 제 다리 뜯어먹는 격"이라고 하는데, "갈치가 제 꼬리 베 먹는다"와 같은 속담이다. 실제로 문어는 몹시 주리면 제 다리도 끊어 먹는다고 한다.

문어 발에 붙은 빨판(suction cup)은 달라붙는 데 쓰이기도 하지만 동시에 맛을 보기도 한다. 이 빨판을 흉내 내어 만든 주방 기구가 바로 흡착행거다. 문어는 미로 실험에서 무척추동물 중에 지능이 가장 높은 것으로 알려졌으며, 아주 복잡한 신경계를 가졌지만 그중 일부만 뇌에 있을 뿐 온 전신에 퍼져 있어서, 다리도 뇌의 명령을 받지 않고 자율적으로 자극에 반응한다. 그러니 걸핏하면 아픔을 덜 타는 제 다리도 잘라 먹을 수 있는 것이다. 더불어 신경도 1밀리미터로 굵어서 신경생리학 실험 자료에 단골로 쓰인다.

번식을 할 때는 교접완 또는 생식완이라 부르는 오른쪽 셋째 다리 끝에다 정포(정자를 모은 덩어리)를 얹어 암컷의 외투강(몸 안)에 넣어 준다. 암놈은 내처 2~10만 개의 수정란을 수심 13~30미터의 바위 틈새 등 후미진 곳에 몇 날 며칠을 걸려 소복이 붙인다. 그런 다음 어미는 어디 가지 않고 눈을 치뜨고 주변을 맴돌면서 알을 지키며, 기다란 발을 설렁설렁 흔들어 산소가 많은 물을 흘려 준다. 문어의 지극하고 끔찍한 모성애가 아닐 수 없다! 이러기를 내리 수개월을 이어 가는데 아비는 짝짓기하고 얼마 후에 죽고, 몸이 지칠 대로 지쳐 핼쑥하고 눈까지 거슴츠레해진 어미는 부화와 동시에 깔축없이 시나브로 죽고 만다. 몸은 죽어도 이렇듯 새끼를 남기는 것이 영생하는 길임을 문어는 알고 있는 것이다. 문어의 눈은 아주 크고 무척 발달하여 척추동물과 별반 다르지 않으며, 눈동자가 가로로 짜개졌다.

문어 잡이는 통발도 쓰지만 주로 '문어 항아리'를 사용한다. 이것은 문어가 은신처를 찾아드는 본성을 이용하는 것으로, 20~50미터 깊이에 빈 항아리 여럿을 줄줄이 매달아 떨어뜨리고 하루나 이틀 후에 배로 끌어올린다. 물고기들은 항아리가 움직이면 도망가지만 문어는 더욱 옹송그리고 벽에 찰싹 붙으니 들었다 하면 백발백중이다. 그런데 단지가 아무리 커도 딴 놈은 얼씬도 못 하기에 딱 한 마리씩만 들었다.

문어를 살짝 데쳐 어슷썰기로 뼈져[1] 대니, 둘레에 붉은 가는 테를 한 순백의 넓적한 살점을 초고추장이나 기름소금장에 찍어 먹는 문어숙회는 그야말로 별미다. 일본 사람들은 초밥이나 타코야끼에 쓴다(타코는 낙지·문어를, 야끼는 구움을 뜻한다). 그러나 앵글로색슨계 사람들은 '악마의 고기'라 하여 기피하며, 요리 천국인 중국에서 오히려 문어 요리가 드문 것도 이상스럽다.

---

1 칼 따위로 물건을 얇고 비스듬하게 잘라 내는 것.

흔히 둥그스름하게 사람 머리를 닮았다 하여 '문어 머리'
라 부르는데 그것은 결코 머리가 아니라 먹통 등의 내장이 든
'몸통'이다. 그리고 '먹물' 하면 배움이 많은 사람이나 글을 잘
쓰는 이를 이르는 말이 아닌가. 아무튼 '문어 머리에 먹물이
들었으니 글도 잘할 것이라' 하여 '문어(文魚)'란 이름이 붙지
않았을까. 아주 고상한 이름의 소유자가 바로 문어로다.

횟감의 대명사로 바다 속에 사는
비목어, 넙치

○

　비목어(比目魚)의 애틋한 사랑을 노래한, 류시화 시인의 「외
눈박이 물고기의 사랑」이란 시가 있다. 평생을 두 마리가 함
께 붙어 다녀야만 하는 물고기를 닮고 싶다는 한 시인의 애절
한 영혼이 스며 있는 멋들어진 사랑의 시다! 과연 시인들은 슬
픔을 기쁨으로 느껴지게 하는 '언어의 마술사요, 예술가'들임
에 틀림없다. 슬픔은 언제나 사랑을 잉태한다고 했지. 필자도
이 시를 접한 적이 있었으면서도 외눈박이 '비목(比目)'의 의미
를 따지려 들지 않고 건성으로 넘겨 버렸다. 즐겨 부르는 한명
희 작사, 장일남 작곡의 「비목」이라는 노래에서 "초연(硝煙)이
쓸고 간 깊은 계곡 양지 녘에 / 비바람 긴 세월로 이름 모를,
이름 모를 비목(碑木)이여" 정도로 여기고선 말이지. 나중에야
비목어가 넙치(광어) 무리들임을 알았다.

　비목어는 다름 아닌 가자미목, 넙칫과에 드는 바닷물고기
를 이른다. 횟감으로 가장 자주 오르는 넙치(광어廣魚, flatfish/

flounder)와 서대, 도다리와 가자미들이 바로 비목어다. 이들을 사진으로 보면 전자는 머리가 왼쪽으로 향하고, 후자는 오른쪽으로 두고 있다. 이것들은 하나같이 몸이 상하로 납작하며, 한쪽으로 두 눈이 다 몰려 버린 외눈박이들이다. 수정란이 발생(난할)하면서 일정한 시기에 이르면 눈이 될 부위가 한곳으로 몰려 버리는 유전자를 가지고 있어 그렇다고 한다. '좌광우도'라고, 다시 말해서 왼쪽에 두 눈이 달라붙은 것이 광어와 서대요, 오른쪽으로 몰린 것이 도다리와 가자미다. 아무튼 한쪽에 두 눈이 쏠려 버렸으니 하나나 다름없다고 '비목'이라 불렀다.

그런데 이런 비련의 이야기는 비목어에 그치지 않는다. 정녕 눈물은 사랑의 샘에서 나온다고 하던가. 비익조(比翼鳥)라는 전설상의 새는 암컷과 수컷 모두 눈과 날개가 하나씩이라 짝을 짓지 않으면 날지 못한다. 비목어는 지느러미 반쪽이 날아가지도 않았고, 한 눈으로라도 여기저기 다닐 수는 있지 않은가. 비익조는 혼자서는 절대로 둘레를 다 보지도 못하고 날지도 못한다. 지극한 사랑은 이래야 한다. 너 없이는 내가 못 살고, 나 없이는 네가 못 사는 그런 사랑 말이다.

후한 말의 문인인 채옹(蔡邕)의 이야기도 시사하는 바가 크다. 그는 효성이 지극하기로 소문이 나 있었다. "채옹은 어머니가 병으로 자리에 눕자 삼 년 동안 옷도 벗지 않고 간호해 드렸고, 마지막에 병세가 악화되자 백 일 동안이나 잠자리에 들지 않고 보살피다가, 돌아가시자 무덤 곁에 초막을 짓고 시묘를 했다. 그 후 채옹의 방 앞에 두 그루의 나무 싹이 나더니만, 점점 자라면서 결이 이어지더니 마침내 한 그루처럼 되었다. 사람들은 이를 두고 채옹의 효성이 지극하여 부모와 자식이 한 몸이 된 것이라고 말했다." 이렇게 뿌리가 서로 다른 두 나무줄기가 달라붙어 한 나무로 자라는 연리목(連理木)이나 가지로 이어지는 연리지(連理枝)도 비목어, 비익조와 한 과(科)에 든다고 하겠다. 바다에선 비목어, 하늘에서는 비익조, 땅에서는 연리목의 애틋한 사랑이라니!

비목어의 대표 주자이자 횟감으로 유명한 넙치(*Paralichthys olivaceus*)를 Korean flatfish 또는 Japanese flatfish로 부르는데, '넙치'는 '넓다'는 말에 접미사 '치'가 붙어 '몸이 넓은 물고기'란 뜻이며, 광어라 부르기도 한다. 우리말에 "넙치가 되도록 맞았다"는 말이 있다. 오른쪽 눈이 왼쪽으로 휙 돌아갈 정도로 얻어맞았다는 말이다. 광어의 두 눈은 몸의 왼쪽에 치우쳐 모들뜨기를 하고 있고, 눈 사이는 어지간히 넓고 편평하다. 또 입은 크고 경사졌으니 큰 입에 아래턱이 위턱보다 조금 앞쪽으로 돌출하였고, 양턱에는 날카로운 송곳니가 줄줄이 나 있다. 그리고 넙치는 납작한 몸을 움직이기 위해 몸 양측 가장자리에 붙어 있는 두 지느러미가 잘 발달되어 있으며, 보들보들하고 쫄깃하면서 기름기가 밴 뱃살이나 지느러미의 살맛(일식집에서 일본말로 '엔가와' 또는 '엔삐라'라 부른다)이 진미라 한다. 바다 밑 환경에 적응하기 위해 납작할 뿐만 아니라 위쪽은 황갈색이고, 아래 배 바닥은 흰색에 보호색을 띤다. "엎어 놓은 접시 아래에는 해가 들지 못한다"고 하지 않던가. 아무튼 넙치는 환경에 따라 체색을 그때그때 바꾸기에 이를 '바다의 카멜레온'이라 부른다.

넙치는 바다 바닥에 사는 저서성(低棲性) 어류로 대륙붕 주변의 수심 10~200미터의 모래 바닥에 주로 서식하며, 둥근 모양에서 긴 타원형까지 있고, 비늘이 매우 적은 편이다. 음력 2월경에 산란하는데, 넙치 맛은 알을 밴 월동기가 제철로 산란 후에는 그 맛이 크게 떨어지기에 "3월 넙치는 개도 안 먹는다"는 말이 있을 정도다. 치어 때는 플랑크톤을, 성장하면서 작은 물고기나 갑각류 등을 먹는 포식(육식)성 어류이기에 비린 맛이 아주 덜하다. 최근에 와서는 우리나라 넙치 양식 기술이 발달하여 세계에서 가장 많은 가두리에서 인공 사육하기에 일 년 내내 그 맛을 볼 수 있다. 존득존득한 것이 횟감으로 인기가 있다. 회 말고도 튀김이나 찜, 탕을 만들어 먹으며, 생선의 살을 발라내고 난 나머지 뼈, 대가리, 껍질 따위를 통틀어 '서덜'이라 하는데, 횟집에서 회를 먹은 뒤 이를 이용해 끓여 내는 시원한 매운탕을 '서덜이탕(서덜탕)'이라 한다. 한마디로 넙치는 무엇 하나 버릴 것이 없는 '국민 생선' 중에 하나라고 할 수 있다.

불교와 기독교의
공통된 상징, 물고기

○

"눈을 떠라. 눈을 떠라. 물고기처럼 항상 눈을 뜨고 있어라. 깨어 있어라. 언제나 혼침(昏沈)과 산란(散亂)에서 깨어나 일심(一心)으로 살아라. 그와 같은 삶이라면 너도 살고 남도 살리고, 너도 깨닫고 남도 능히 깨달을 수 있게 하리니⋯⋯."

절에서 들을 수 있는 법음 한 구절이다. 이 법음처럼 물고기는 잘 때도 두 눈을 뜨고 잔다. 그래서 잠들지 말고 언제나 깨어 있으라는 뜻이 의당 목어, 목탁, 풍경에는 스며 있다. 목어(木魚)와 풍경은 언뜻 봐도 물고기와 흡사하지만 목탁은 눈여겨봐야 그 닮음을 알 수가 있다. 목탁에 뚱그런 구멍이 둘 나 있으니 그것이 물고기의 눈이요, 손잡이가 바로 꼬리지느러미에 해당한다. 땅땅땅! 잠들지 말고 깨어 있어 쉼 없이 맹진하여 도를 닦을지어다! 바람에 '땡그랑땡그랑' 풍경이 때리는 은은함은 산사의 정적을 깨트릴 뿐만 아니라 깜빡 졸고 있는 도승의 낮잠을 쫓는다. 낙명(落命)[1]의 그날이 코앞에 다가

오는 지금, 나는 뭘 했는가? 소태 같은 쓴 세월을 다 보냈다고는 하지만 아직도 마음엔 굳은살이 박히지 못했을뿐더러 평심(平心) 하나 제대로 세우지 못하고 있으니 말이다.

목어는 1미터 길이의 큰 나무를 잉어 모양으로 만들어서 그 속을 파내어 아침저녁 예불 때와 경전을 읽을 때 두드리는 도구다. 이는 중국의 절에서, 아침을 먹을 때와 낮에 밥 먹는 시간을 알리는 데에 쓰였던 것으로, 원래의 모양은 길고 곧게 물고기처럼 만들어졌던 것이다. 물론 이 또한 수행에 임하는 수도자들이 잠을 줄이고 물고기를 닮아 부지런히 깨우침을 위해 정진하라는 뜻이 담겨 있다.

이 목어가 차츰 모양이 변하여 지금 불교 의식에서 널리 쓰이는 불구(佛具) 중의 하나인 목탁이 되었다고 한다. 또 목어는 처음엔 단순한 물고기 모양이었으나 차츰 용머리에 물고기 몸을 가진 용두어신(龍頭魚身)의 형태로 변신했고, 드디어 입에 여의주를 물고 있는 모습이 되었으니 이는 잉어가 용으로 변한다는 어변성룡(魚變成龍)을 표현한 것이다.

이는 『후한서(後漢書)』에 있는 '등용문(登龍門)'의 고사가 윤색되어 이루어진 것으로 보인다. 곧, 복숭아꽃이 필 무렵 황하의 잉어들은 거센 물살을 거슬러 상류로 오르다가 용문(龍門)의 거칠고 가파른 협곡을 뛰어올라야 하는데, 거의가 실패

---

1 목숨을 잃음.

를 하지만 요행히 성공한 잉어는 용으로 화(化)한다는 전설이 있다. 그것이 곧 해탈을 의미한다고 한다. 해탈이란 속박에서 벗어나 속세간의 근심이 없는 편안한 마음의 경지요, 그곳이 곧 열반이라 한다.

독자들 중에도 자동차 꽁무니에 붙어 있는 물고기 형상을 자주 본 사람들이 있을 것이다. 그것은 차의 주인이 '기독교 신자'라는 것을 알려 주는 상징이다. 기독교와 물고기는 어떤 관련이 있는 것일까. 초대 교회 시대에 로마는 무척 기독교를 박해하였다. 이때 사람들은 지하 공동묘지인 카타콤 (catacomb) 등지에서 숨어 지냈고, 그리스도인이라는 신분을 밝히기 위해 물고기 그림을 보이거나 물고기 모형의 조각품을 지니고 다니기도 하였으며, 몰래 땅바닥에 물고기 그림을 그려 자기 신분을 알리기도 했다고 한다. 필자도 거기를 가 보았다. 상상을 초월하는 순교적인 산물이 바로 카타콤이었다. 지하 카타콤의 미로에 길을 안내하는 그림도 물고기로 표시하였다고 하니 물고기는 일종의 암호였던 것이다.

장군의 갑옷도 물고기와 연관이 있다. 장수의 갑옷(갑의甲 衣)에는 의례 물고기 비늘을 연상시키는 쇳조각들이 온통 주 렁주렁 달려 있다. 햇볕에 반사되어 번쩍거릴 때는 보는 이를 눈부시게 한다. 물속의 갈겨니도 가끔씩 몸을 기울여 햇살에 몸을 맞춰 번쩍번쩍 은백색을 쏘아 대며 상대를 겁준다. 참고로 물고기 중에 이들처럼 체색이 희거나 밝은 것은 하나같이 주행성이고, 메기, 뱀장어처럼 흐린 것은 야행성이다. 어쨌거나 갑옷 입은 장수는 물고기요, 물고기 중에서도 대장 물고기이다. 역시 밤낮으로 눈을 감지 말고, 적에 대한 경계를 멈추지 말며, 많은 병사들을 잘 인도하라는 뜻이 들어 있는 것이리라. 어디 전쟁을 지휘하는 장수만 물고기가 되어야 하겠는가. 녹봉을 먹고사는 우리들 선생들도 모두모두 물고기가 될지어다. 난 월급 타령하는 교수가 제일 밉더라. 무상(無上, 더할 수 없음)의 기쁨은 고통의 심해에 감춰 있다고 하지 않는가.

피카소의 작품 하나가 나의 눈길을 끈다. "예술은 절대로 정숙하지 않아서, 결국 남는 것은 사랑이다"라고 갈파한 전설적인 화가가 밥상에서도 익살을 떤다. 그 양반이 입에 물고 있는 물고기 뼈 사진 말이다. 절로 웃음이 난다. 웃음은 가난도 녹인다고 했던가. 아무튼 예술가의 혼은 먹다 버리는 생선 뼈다귀도 파고든다. 그는 생선 한 마리의 살을 일일이 마음 써서 볼가² 먹고 나서 그것을 진흙 덩어리에다 꼭 눌러 박아 흔적을 남겼으니 그것이 물고기 화석처럼 보인다. 이거야말로 '꿩 먹고 알 먹고'다. 생선 뼈를 목에 걸리는 가시 정도로 여기지 않고 혼을 불어넣을 작품 소재로 보는 그 유별난 눈을 닮아 보면 좋지 않을까.

그렇다, 물고기는 잠을 자도 눈을 감지 않는다. 땅-땅-땅!

---

2 '발리다'라는 뜻의 경상남도 방언이다.

고즈넉한 산사에서 아스라이 들려오는 목탁 소리, 그것은 물고기를 본뜬 목어가 아니던가. 몸통이 큰 복어를 닮았다고 할까. 기독교의 상징이 물고기인 점과 어쩌면 닮았단 말인가. 결국 종교는 공통으로 일맥상통하는 것이니, 불교와 기독교도 불이(不二)의 관계인 셈이다. 엉뚱한 소리지만 물고기는 물에서 살아 자나 깨나 몸을 씻어 대니 얼마나 심신이 정결할까. 세례가 필요 없는 동물이 물고기렷다. 물고기가 여러 종교와 예술을 아우르는 것도 그 때문이 아닐까.

아린 상처를 영롱한
보석으로 승화시키는 진주조개

○

아주 귀중한 물건을 이르는 '보배'는 '보패(寶貝)'가 변한 말이다. 다시 말해서 보배의 원말은 보패인데 '보(寶)' 자 아래의 '패(貝)'는 조개의 모양을 그린 것이다. 아무리 훌륭하고 좋은 것이라도 다듬고 정리하여 쓸모 있게 만들어 놓아야 값어치가 있음을 "진주가 열 그릇이나 꿰어야 구슬"이라거나, "구슬이 서 말이라도 꿰어야 보배"라고 하고, 아무런 보람도 바랄 수 없는 쓸모없는 일을 하는 경우 "진주를 돼지에게 던진다"고 하며, 뜻하는 성과를 얻으려면 그에 마땅한 일을 하여야 함을 일러 "진주를 찾으려면 물속에 들어가야 한다"고 한다. 이렇듯 비를 맞아야 무지개를 보고, 눈물을 흘려야 영혼의 무지개를 볼 수 있는 법이다.

해산 연체동물 중에서 복족류인 '개오지'라는 패류(고둥 무리)는 은나라 때부터 진나라 때까지 적어도 1,400여 년간 화폐로 쓰였으며, 하고많은 재물에 관계되는 글자[재(財), 화(貨), 빈(貧),

전(賤), 매매(賣買) 등]엔 어김없이 '조개 패(貝) 자'가 들어 있다. 제주도의 선물 가게에서도 이 개오지를 파니 눈여겨볼 것이다.

패류의 껍데기는 어느 것이나 모두 딱딱하며, 녹이 슬지 않으니 이는 주성분이 탄산칼슘($CaCO_3$)인 탓이다. 수산화칼슘과 이산화탄소가 결합하여 단단하기 짝이 없는 탄산칼슘[$Ca(OH)_2 + CO_2 = CaCO_3 + H_2O$]이 되니 우리 몸의 뼈나 치아는 물론이고 석회, 달걀 껍데기도 죄다 탄산칼슘이다. 하여 패류 껍데기(패각)는 이산화탄소를 담아 놓고 있는 곳으로, 지구에는 공중에 떠 있는 0.035퍼센트의 이산화탄소 말고도 이렇게 생물체에 저장된 것도 있으니, 이들은 '생태계의 물질 순환' 중에서도 '탄소 순환'에 귀중한 몫을 한다.

바다의 보패 중에 일품인 것은 뭐니 뭐니 해도 진주다. 진주는 빈주(蠙珠), 진주(珍珠), 방주(蚌珠)라고도 한다. 매우 아름답고 값나가며 가히 존경할 만한 것을 빗댈 적에도 '진주'라는 말을 쓴다. 진주는 95퍼센트의 탄산칼슘과 5퍼센트의 단백질 일종인 콘키올린(conchiolin)이 주성분인데, 무기물인 아라고나이트(aragonite)와 방해석(calcite)이 콘키올린과 결합하는 수도 있으며, 그것들이 층층이 진주층을 이루는 것이 진주의 생성 원리이다.

진주조개·대합·전복 따위의 부족류(이매패)인 조개가 먹이 섭취나 호흡 중에 미세한 현미경적인 유기물이나 기생충 같은 자극물(모래 알갱이인 경우는 매우 드물다)이 조개껍데기와 조

바다를 벗 삼은 생존의 달인들

95

개껍질의 속 면을 감싸고 있는 얇은 막인 외투막 사이에 끼였을 적에 외투막에서 광택이 나는 진주 성분을 분비하여 야문 덩어리가 만들어지는데 그것이 천연 진주다.

우리 몸에서도 비슷한 일이 일어난다. 전쟁터에서 날아온 총알이 몸 안에 박히거나 손바닥에 가시가 꽂히거나 하면 총알과 가시 둘레를 딴딴한 섬유성 물질로 에워싼다. 또 탄광에서 채탄을 오래한 사람들 중에서 이른바 폐에 먼지가 쌓여 생기는 진폐증 환자 또한 허파 조직에서 탄산칼슘으로 탄가루를 단단하게 둘러싸는 석회화로 '침입자'를 무해화(무독화)시키기 위한 몸의 반응이다.

중국에서는 이미 13세기경부터 이제껏 석패과의 민물조개인 '대칭이'나 '펄조개' 따위에서 민물진주(담수 진주)를 수확하고 있다는데, 필자도 운 좋게 항주에서 그들을 만날 수 있었다. 진주를 파는 곳에 들르면 언제나 함지박에 담겨 있는 살아 있는 조개 하나를 꺼내서 여행객이 보는 앞에서 조개 배를 가르고, 그 안에 들어 있는 생경스런 진주를 까서 보여 준다. 여리디 여린 조갯살에서 볼가져 나오는 새뽀얀 진주알을 볼 때면 탄성을 지르지 않는 이가 없다. 장사하는데 맛보기 없는 것 봤나. 일본 도쿄에선 재수 좋게 그 맛보기 진주를 우리 집 사람이 차지한 적도 있었다.

양식 진주 중에서는 '담수 진주' 보다는 '해산 진주'가 더 인기를 끈다. 우리나라에서 채집되는 진주조갯과의 진주조개는 총 4종이 살고 있는데, 대표적인 것이 귀태 나는 둥글납작한 진주조개(Pinctada fucata)다. 가장 안쪽 껍질(진주층)은 말 그대로 눈부시고 영롱한 진주 광택을 내니 이들이 해산 진주의 모패(母貝)다. 그리고 인공 진주를 만들 적에 담수 진주는 주로 다른 조개의 외투막 조각을 잘라 넣지만, 해산 진주는 두꺼운 조개를 잘게 잘라 똥그랗게 깎은 자잘한 핵을 진주조개의 생식소와 장관(腸管) 부근에 심으니, 핵은 1년에 약 0.5밀리미터 두께로 자란다. 알고 보면 결국 양식 진주라는 건 얄궂게도 딱딱하고 둥근 조개껍데기 겉에다 천연 진주 성분을 살짝 입힌, 진짜 진주를 흉내 낸 가짜 진주인 셈이다.

노방생주(老蚌生珠)라, 늙은 조개가 진주를 낳는다고 한다. 의당 아린 상처를 영롱한 보석으로 승화시키는 진주조개의 인내를 노상 값진 삶의 교훈으로 삼아야할 터! 방주(蚌珠)를 물고 있는 조가비는 가늠 길 없이 쓰리고 아픈 신산의 고통에다, 몸서리치게 나는 구역질까지 줄곧 참으면서 끝까지 토하지 않고 피 말리는 세월을 천연덕스럽게 참고 있었다.

그런데 여자들을 홀딱 홀리는 진주란? 아서라, 진주란 여태 목이 타게 설명했듯 별것도 아닌, 고작 탄산칼슘 덩어리가 아니던가. 동해 삼척 뒷산에는 시멘트를 만드는 석회 덩어리가 지천으로 널려 있다. 그럼 다이아몬드는? 그 또한 연필심(흑연)같이 순수한 탄소로 이루어진 탄소 동소체인 것. 여심(女心)은 당최 알다가도 모르겠단 말이야.

한평생 돌 속에서 살아가는 조개,
돌속살이조개

○

　뉘엿뉘엿 하루해가 지면서 묽은 땅거미가 내리기 시작하는 저녁나절에, 허기진 배로 초죽음이 되어 너울거리는 바다를 멍하니 바라보고 있노라면, 더없이 심란한 것이 고적이 더해진다. 멀고도 험한 바다 채집에 찌든 탓이다. 까막까치도 집을 찾는 이 시간, 배불리 먹고, 아늑하고 포근하게 잠드는 집이 무척 그립다. 원초적인 귀소 본능이 발동하는 것이다. 그런데 불현듯 저 멀리 바닷가에 드러누워 찰랑거리는 꼬마 목선 한 척이 길손의 눈앞에 아련히 다가온다. 눈에 불이 붙고 촉각이 곤두선다. 이것이 물불 안 가리고 달려가는 채집 본능일까?

　지독한 놈이다. 세상에, 껍데기가 둘인 조개가 나무를 파고, 그보다 더한 바윗돌에도 구멍을 뚫다니……. 개(패류학자) 눈에는 똥(조개)만 보이고 부처님 눈에는 부처만 보인다고 했지. 터벅터벅 걸어서 아까 봤던 그 배 가까이로 다가선다. 생물이 살지 않은 곳이 없다고 하지만, 어디 살 데가 없어 짠물에 담겨 있는 배 바닥이나 야문 바위를 파고든단 말인가? 가끔가다 고깃배를 뭍으로 끓어 올려 배 바닥을 불로 그슬리거나 페인트칠을 하는 것은 거기에 달라붙은 따개비나 담치를 죽이고, 또 배좀벌레조개들의 천공(구멍 뚫기)을 막자고 그러는 것이다. 아무튼 그놈들을 잡느라 물속을 뒹굴다 보면 '물에 빠진 생쥐'가 되고 만다. 그러나 어쩌랴, 이 또한 나의 타고난 운명인 것을!

여기에서 말한 따개비는 겉이 조개처럼 단단한 탄산칼슘(석회) 껍질로 둘러싸여 있어 잘못하면 연체동물의 고둥 무리(복족류)로 착각하기 쉽다. 하지만 따개비는 게나 새우와 같은 절지동물의 갑각류로 바위 따위엔 물론이고 거북이나 고래에도 붙어 산다. 대부분 지름이 10~15밀리미터 정도로 바깥쪽은 단단한 석회질의 둥그스름한 껍질 판(각판)으로 둘러싸여 있고, 각판의 위쪽에는 두 개의 방패 모양인 뚜껑(순판)이 있어 위험에 처하였을 때는 그것을 꽉 닫는다. 뿐만 아니라 조간대에 살면서 물이 나가는 썰물 때는 순판을 단단히 닫아 몸이 마르는 것을 막다가, 밀물에 물이 들면 순판을 스르르 열어서 그 안에 들어 있는 덩굴 모양의 다리(만각)을 드러내 먹이를 잡는다. 이들은 원래 외국종인데, 수출입 화물선에 바닥짐으로 사용되는 선박평형수(ballast water)에 유생들이 실려 유입되면서 세계적으로 퍼져 나갔다.

그건 그렇다 치고, 앞의 '꼬마 목선'처럼 버려진 폐선이나 목선에 틀어박혀 사는 배좀벌레조개 무리가 있다. 이것들은 서양 사람들이 '신박 벌레(shipworm)'라 부르기도 하는데 말 그대로 '배 벌레'이다. 세계적으로 65종이 넘고, 필자가 우리나라에 서식하는 4종을 찾았다. 조개껍질에는 톱날 같은 예리한 돌기가 수두룩이 나 있어서 그것으로 나무(목재)를 문질러 구멍을 내니(1분에 8~12번 간격으로 나무를 갉는다), 파낸 구멍에 야물고 하얀 석회 관을 만들어 그 속에 조개 몸을 밀어 넣는다.

1818년 마크 브루넬(Marc Brunel)은 배좀벌레조개가 나무에 굴을 파고들면서 톱밥 가루를 뒤로 밀어내는 행태를 눈여겨 지켜보았다. 그때만 해도 아직 땅굴 파는 기계가 없었을 때였는데 이 배좀벌레조개의 굴 뚫기를 흉내 내어 땅굴 기계가 탄생된다. 이른바 모든 발명은 자연의 모방이요, 필요는 발명의 어머니인 것. 그 작은 생물의 행동을 예사로 보지 않았기에 큰 산을 뻥뻥 뚫는 굴착기를 만들 수 있었던 것이다.

다음은 '돌속살이조개' 이야기다. 배좀벌레조개가 두더지를 닮았다면 돌속살이조개는 돌을 쪼고 다듬는 석공이요, 석수다. 고작 1~2센티미터 크기로 10종 넘게 우리나라 남해안과 동해안에 서식하는데, 돌 속에서 한살이를 보내는 조개로, 물론 물렁한 축에 드는 석회암, 모래가 굳어진 사암, 진흙 바위인 이암에 일을 벌인다. 이들은 배좀벌레조개보다 더 센 무기가 있다. 두 조개껍데기 끝에 예리한 조각칼 같은 게 붙어 있어, 이것을 돌에 대고 아등바등, 근근이 문질러 구멍을 숭숭 뚫기에 바위가 뻐끔뻐끔 벌집, 곰보가 된다. 조개가 돌보다 세고 바위보다 강한 셈이다! 햇살에 노출되는 간조엔 바싹 오그려 입을 닫고 있다가 만조엔 두 껍질을 열어젖히고 생기를 되찾는 돌조개들!

자연은 허리를 굽히지 않는 자에게는 자기의 자태를 보여주지 않는다고 한다. 여름에 바닷가에 가면 사위를 찬찬히 둘러보자. 바위에서 조개의 집이요, 조개가 판 무덤을 만날 수 있을 테니 말이다.

다시 말하지만, 이들에서 우리는 얼마나 생물들의 생명력이 모질고 다양한가를 되씹어 보게 된다. 바위 안에 집을 튼 가여운 이것들은 한 번 들면 빠져나오지 못한다. 몸집이 커지면서 따라서 굴도 넓게 파내고, 내키지 않아도 죽을 때까지 오순도순 거기에, 아니 죽어서도 그 속에 머물 수밖에 없다. 그것들은 아주 어릴 때 작은 바위틈에 들러붙어서 안간힘을 다해 딸그락딸그락 굴을 파고, 몸집이 커 가는 만큼 거듭 그 안에서 끊임없이 자리를 넓히고, 점점 안으로 파고 들어간다. 결국 입구는 아주 작지만 커다란 방이 안에 생겨난다. 그리고 그 안에서 쫄딱 갇히고 만다. 무슨 놈의 숙명이, 저 바닷가 암혈(바위 굴) 속에 쏙 박혀 평생을 볼모 신세가 된단 말인가. 만물개유위(萬物皆有位)라고 아무리 만물에 제자리가 있다고 하지만 말이다. 실은 괜히 필자가 그렇게 봤을 뿐, 바위가 그들의 집이요, 고향인 것은 두말할 나위도 없다.

출렁이는 바닷물에는 배좀벌레조개와 돌속살이조개가 살고 있더라. 만경창파(萬頃蒼波), 그리운 바다의 물결 소리여!

바퀴벌레를 닮은
해안의 청소부, 갯강구

○

바다 비린내가 물씬 풍기는 해안가를 터벅터벅 걷다 보면 갯바위 근방에서 우글거리는, 바퀴벌레 꼴을 한 갯강구(*Ligia exotica*) 녀석들이 수상쩍은 발소리에 소스라치게 겁먹고는 부리나케 걸음아 날 살려라 하고 바위나 돌 틈새로 뽀르르 숨는 것을 볼 수 있다. 뭍의 사람들이 개미와 친하듯 바닷사람들이 늘 만나는 친숙한 친구와 같은 벌레요, 바닷가를 가면 앞장서 우리를 맞아 주는 것이 바로 갯강구들이다.

갯강구는 우리나라 전 해안에서 흔히 볼 수 있으며, 바닷물이 온 사방 툭툭 튀는 곳에서도 잘 사는 절지동물문, 갑각강, 갯강구과의 광염성(廣鹽性) 동물(갑각류)로 주로 갯바위나 파도에 떠밀려 온 해조류 더미에 득실거린다. 서양 사람들은 갯강구를 'wharf roach'라 부르니 '부두(선창) 바퀴벌레'란 뜻이고, 충청도나 경상도에서는 본고장말(향어鄕語)로 바퀴벌레를 '강구'라 하니 갯강구란 '바다 바퀴벌레'란 의미이다. 신기하게도 동서고금을 막론하고 사람들 눈에 갯강구가 다 같이 천생 바퀴벌레로 보였다니 둘이 닮아도 많이 닮은 탓이렷다.

이들은 단독 생활을 하지 않고 언제나 50여 마리가 군생하며, 밤에는 한데 모여 자고는 아침에 졸래졸래 나가 먹이를 찾는다. 바닷물이 더 이상 올라오지 않는 만조 해안선(high tide) 근방의 바윗돌이나 둑, 부둣가의 축축한 곳에 사는 뭍(육상)동물로 물속에서는 살 수 없다. 주로 돌이나 바위에 붙은 미세 조류나 규조류를 갉아 먹으며, 해초나 그 찌꺼기를 먹는 초식성이지만 죽은 동물도 벼락같이 달려들어 뜯어먹는 해안가의 청소부로 잡식성이라 해도 좋다. 서유럽이나 지중해 근방이 원산지로, 원목을 나르는 배에 떡하니 실려 온 세계의 온대, 아열대 지방으로(열대 지방엔 적다) 멀리 퍼져 나갔다고 여겨진다.

갯강구는 화석 기록에서 보면 일찌감치 3억 년 전에 지구에 나타났다고 하니 우리의 대형(大兄)이렷다. 몸은 짙은 회갈색이고, 긴 타원형에 등이 좀 볼록하며, 아래위가 눌려져 납작하고, 몸길이는 2~3센티미터이지만 수컷은 4센티미터까지 자란다. 수명은 2년이며, 머리에는 몸길이보다 더 긴 1쌍의 더듬이가 있고, 눈자루(안병眼柄)가 없이 몸에 바싹 달라붙은 아주 큰 겹눈(복안複眼)이 있다. 가슴마디는 일곱 마디로 몸의 3분의 2를 차지하고, 배는 꼬리마디와 함께 여섯 마디이며, 붓끝 모양의 꼬리마디가 두 갈래로 짜개졌다.

쥐며느리나 공벌레와 같이 몇 안 되는, 땅에 사는 갑각류의

갯강구

갯강구의 몸은 짙은 회갈색이고, 긴 타원형에 등이 좀 볼록하며 아래위가 눌려져 납작한 모습이다. 눈자루가 없이 몸에 바싹 달라붙어 아주 큰 겹눈을 가지고 있으며 붓끝 모양의 꼬리마디가 두 갈래로 갈라진 것이 특징이다.

한 종으로 다리가 모두 동일한 등각류이며, 단단한 등껍데기는 없지만 머리가 머리덮개로 덮여 있다. 이들 갑각류들은 원래 물에 살다가 땅에 올라와 애면글면 사는지라 발달한 허파가 따로 없고, 따라서 되도록이면 음습한 곳에서 지내며, 배와 다리에 이파리를 닮은 아가미 모양의 헤엄다리가 허파 역할을 대신한다. 또한 여기에서 논하는 땅에 사는 몇 종을 제외하고는 모든 갑각류가 강이나 바다에서 산다.

암컷은 강한 모성애를 발휘하니, 배 아래 가슴다리에 수정란을 품는 육방(育房, 육아실)이 있고, 평균 70~80개의 알이 그 속에서 부화하여 한 달이 조금 넘는 기간 동안 성장하면서 여러 번 탈피한다. 근래에 와서는 기름을 분해하는 세균인 슈도모나스(*Pseudomonas* spp.)의 유전인자를 갯강구에 이식하여 몸에서 기름을 분해하는 효소를 만들게 하여 해변에 나뒹구는 기름을 제거하는데도 쓴다고 한다.

다음은 유사종인 쥐며느리와 공벌레를 조금 이야기해 볼까 한다. 땅에 사는 갑각류를 대표하는 희끄무레한 쥐며느리(*Porcellio scaber*)는 야행성으로 몸길이 10~11밀리미터의 육상 갑각류다. 곤충처럼 몸의 수분을 유지하기에 효과적인 큐티클(cuticle) 껍데기가 없기 때문에 음습한 곳에서 웅크리고 살아 몸속의 수분이 손실되는 것을 줄인다.

구석지고 음침하여 쥐가 살기 좋은 터전에 자리 잡고 산다고 해서 '쥐며느리'란 이름을 붙이지 않았을까 싶다. 이 또한 암컷은 배 아래에 있는 육방에 알을 집어넣어 작고 새하얀 새끼가 될 때까지 보호하며, '어리숨관(pseudotrachea)'으로 폐호흡을 하는데, 노를 닮은 헤엄뒷다리가 폐 몫을 담당한다. 어둑한 늪이나 돌 밑, 통나무 아래에 사는데 죽은 식물 찌꺼기나 부스러기를 먹는다. 주로 거미들이 쥐며느리의 포식자이며, 천적이 공격하면 몸에서 불쾌하고 끈적끈적한 지린내 나는 분비물을 분비하여 자신을 보호한다. 보통은 지렁이처럼 썩은 낙엽 등 허접한 쓰레기를 먹어 치우기에 착한 동물로 취급하지만 무르익은 딸기 따위를 먹어치우는 등 성가신 저지레[1]를 부려 미움을 사기도 한다.

공벌레(*Armadillidium vulgare*)는 서식 환경이나 생리 생태가 쥐며느리와 다를 바 없어서 태곳적부터 서로 묵은 사이지만 늘 데면데면 함께 공서한다. 공벌레는 자극을 받으면 몸을 방어하기 위해 마치 아르마딜로(armadillo)처럼 몸을 가뭇없이 동그랗게 또르르 말고 짐짓 죽은 시늉을 하기에 속명에 '*Armadillidium*'이 붙었다. 하여 'armadillo bug'라고도 부른다. 쥐며느리는 손을 대도 몸을 구부정하게 조금 오므릴 뿐 돌돌 말지 않는다. 공벌레는 똥그란 콩 모양을 한다고 '콩벌레'라고도 하고, 천적(목숨앗이)은 새, 도마뱀, 거미 따위이며, 바다 낚시의 미끼로 쓰이기도 한다.

---

1 일이나 물건에 문제가 생기도록 해서 일을 그르치게 하는 것.

주사위 혹은 화폐로 쓰인
범의 새끼, 개오지

〇

인간은 오랜 세월 동안 돈(화폐) 없이 물물교환으로 살아왔다. 하지만 점차 나누기 쉽고, 휴대하기 편하며, 썩지도 않는 조그마한 물품들이 화폐의 구실을 하기 시작했으니 소금이나 조개껍질들이 대표적인 물품이다. 뜬금없는 소리인 줄 알지만, 사람이 살면서 제일 불행한 것 세 가지가 소년 등과, 중년 상처, 말년 빈곤이라고 한다. 모름지기 진작부터 알뜰하게 여투어[1] 살아 늘그막에 먹고 쓸건 있어야 사람 구실을 한다. 그 놈의 돈, "돈에 침 뱉는 놈 없고", "돈 있으면 한량, 돈 못 쓰면 건달"이라는데…….

돈으로 써 왔던 '개오지'라는 바다 복족류는 겉모양의 화려함과 견고성 때문에 기원전 3천 년경, 고릿적부터 돈으로 쓰였다. 개오지 고둥은 모양도 예쁘지만 아주 패각이 두껍고,

---

1 돈이나 물건을 아껴 쓰고 나머지를 모아 두는 것을 말함.

표면이 반드러우며, 새알만 한 것이 도자기를 닮았다. 아울러 종에 따라 바탕색이 다르고 사방팔방 흩어져 나고 무늬도 아주 다양하다. 우리나라에는 '처녀개오지', '제주개오지', '노랑개오지' 등 일고여덟 종이 채집되고 있다. 요새는 한쪽 끝에 구멍을 뚫어 거기에 끈을 매서 휴대전화의 열쇠고리 등으로 쓰니, 제주도를 가면 이른바 '하르방(할아버지)' 새긴 것을 선물 가게 어디에서나 팔고 있다.

개오지는 행동거지가 뜨고, 새끼 때는 마냥 껍데기가 얇으며, 다른 고둥들처럼 나탑(螺塔, 배배 꼬인 층)이 있고, 각정(殼頂, 뾰족한 끝 부분)도 있지만 크면 각정이 보이지 않는다. 또 각구(殼口, 입)가 넓고, 몰라보게 성장함에 따라서 입(주둥이)의 바깥 입술과 안쪽 입술이 안으로 말려 감기고, 그 사이에 이빨 모양의 돌기들이 가지런히 도드라져 있어, 공교롭게도 '개오지'로 비유해 이름 붙였다. 여기서 개오지는 개호주, 즉 '범의 새끼'를 지칭하는 것으로, 필자도 어릴 적에 "앞니 빠진 개호주 새밋질(샘터 가는 길)에 가지 마라 빈대한테 뺨 맞는다"면서 앞니 빠진 아이를 빗대어 놀리곤 했다.

다시 말하지만, 개오지는 살았을 적에는 껍데기 아래 테두리를 부드러운 외투막이 감싸고 있다. 등은 둥그스름하고 아래는 평평한, 둥글납작한 껍데기를 뒤집어 보면, 양 입술 가장자리에 얕은 치상돌기(齒狀突起)가 가지런히 차례로 많이 나 있어 거치상(鋸齒狀, 톱니 모양)을 한다. 양쪽의 입술이 안쪽으로 오므려들면서 앙다물다시피하여 마치 여자의 성기 꼴과 비슷하다. 그래서 중국에서는 "임산부가 자패(紫貝)를 몸에 지니고 있으면 순산을 한다"는 믿음이 있었다고 하고, 우리도 옛날부터 개오지를 안산(安産), 다산(多産), 풍숙(豊熟)²의 뜻으로 품에 지니고 다녔다고 한다.

본론이라 해도 좋다. 돈을 상징하는 한자 '패(貝)' 자는 개오지 조개의 아랫면(아가리)을 본뜬 상형문자다. 패(貝)의 목(目)이 개오지의 껍데기(패각) 모양이라면 목(目) 아래 삐친 두 획은 다름 아닌 개오지 고둥이 살았을 때 앞으로 삐죽 내민 두 개의 더듬이(촉각)이거나, 한쪽 끝자락에 두 개의 불룩 나온 껍데기 돌기가 있으니 그 모습에서 따온 것이 아닌가 싶다. 앞에서도 말했듯이 돈과 관련된 한자어에 '조개 패' 자가 들어간 것도 이런 까닭이라 하겠다.

한편 개오지는 오래전부터 중국은 물론이고, 이미 7세기경 아라비아의 낙타 대상들이 이 껍데기를 여러 개씩 엮어 화폐로 썼고, 근래까지 인도양이나 태평양 지역의 섬들에서 화폐로 널리 사용됐다고 한다. 그곳들에서 수두룩하게 널린 게 개오지들인데 쓸 만한 것 중에서도 패류수집가(shell collector)들은 황금개오지(*Cypraea aurantium*)를 최고로 친다고 한다. 또 이것을 주사위로도 썼으니 예닐곱 개를 던져 뒤집어진 편편

---

2 곡식이 잘 익었음을 나타낸다.

한 입이 위로 온 것이 몇 개인가를 헤아린다고 한다.

그런데 미국 원주민(인디언)들은 뿔조개를 화폐 대용으로 썼으며, 아직도 캐나다 인디언들이 이것을 끈에 주렁주렁 동전 꾸러미처럼 묶어 목에 걸고 다니는 것을 사진에서 본 적이 있는데, 언제 어디에서나 똑같이 시간이 흐르는 것은 아닌 모양이다! 아무튼 뿔조개란 말은 말 그대로 코끼리의 상아를 닮아 붙은 이름이고, 모래 바닥을 파고 들어가 살며, 우리나라에는 '쇠뿔조개', '여덟모뿔조개' 등 5종이 채집이 된다.

개오지든 뿔조개든 다 껍데기가 쉽사리 마모되지 않고, 여간해서 깨지지 않으니 지금 당장 화폐로 쓴다고 해도 하나도 손색이 없을 터다. 또한 패류(조개/고둥) 껍데기들은 어느 것이나 하나같이 다 야물고 질기고 녹슬지 않는데, 그 까닭은 주성분이 탄산칼슘이라는 물질로 되어 있기 때문이다. 우리 몸의 뼈나 치아, 석회석도 모두가 탄산칼슘이 주성분이다. 다른 말로 조개나 고둥 껍데기(패각), 산호들은 지구의 탄소를 담아 놓은 것으로 바다 속에 탄소 산업을 이끌 탄소가 무진장으로 저장되어 있는 셈이다.

해변의 불청객이자 방랑하는 육식 동물, 해파리

○

한여름이 다가오면 해수욕장은 붐비고, 짓궂은 해파리도 난데없이 떼 지워 기승을 떨 것이다. 갈팡질팡, 안절부절 사람들은 괴롭힘을 당할 수 있겠지만, 그거야 팽팽 놀다 당하는 일인데 뭘. 그러나 일손 바쁘게 생사를 걸고 그물질하는, 얼굴이 거슬거슬한 어부들은 기껏 해파리만 한가득 건져 올려 파리만 날리니 죽을상이다. 한마디로 되게 반갑잖은 손님이다. 아니, 어부들의 삶을 노략질하는 원수들로 말도 섞기 싫은 발칙한 놈들이다.

해파리는 너울너울 바다 물살을 따라 둥둥 떠다니는 것이 꼭 중천의 달 모양을 하였다고 '해월(海月)', 물이 많아 살이 흐물흐물하다고 '수모(水母)'라 부른다. 『자산어보(玆山魚譜)』에는 해파리를 긴 팔(촉수)이 여덟 개가 달렸다고 '해팔어(海八魚)'라 하였으니, 아마도 '해팔어'가 '해파리'로 굳어져 불리게 되지 않았나 싶다. 해파리는 흐물흐물 뭉그러지기 쉬운 한천질(젤

112

라틴 단백질)로 되어 있어서 영어로는 '젤리피쉬(jellyfish)'라 부른다. 물에 살면 무조건 물고기(어류)가 아니라도 '어(魚)'요 '피쉬(fish)'다.

해파리는 '자포동물(刺胞動物, 쏘는 세포를 가진 동물)'로 둥그런 삿갓과 길쭉한 촉수가 있고, 촉수에 있는 많은 '자포(쏘는 세포)'는 독을 가지고 있어서 방어와 공격에 쓴다. 자포는 오직 자포동물만이 갖는 특수 세포이고, 여기에는 해파리, 말미잘, 히드라, 산호들이 속한다. 그리고 종 모양의 갓을 오므렸다 폈다 하여 운동을 하면서, 쫙 펼 때 쑥 들어오는 먹잇감을 그러모은다.

해파리는 5억 년 전쯤에 지구상에 출현한 것으로 추정하며, 세계적으로 200여 종이 살고, 주로 해안을 따라 플랑크톤('방랑자'란 의미)처럼 떠다니지만 깊은 바다에 사는 종도 있다. 심지어 우리나라에는 없지만 몇 종의 민물해파리도 있다고 한다. 수명은 2~6주지만 몇몇 종은 1년 가까이 살며, 심해의 것이 더 오래 산다.

해파리는 생식 방법이 특이하다. 해파리는 자웅이체(암수딴몸)로, 물에 떠다니는 성체 해파리를 '메두사(medusa)'라 부른다. 반면에 수정란이 발생하여 '플라눌라(planula)'가 되었다가 단단한 물체의 바닥에 붙어서 '스트로빌라(strobila)'로 변하는 유생세대인 폴립(polyp)을 거친 다음, 거기에서 떨어져 나와 헤엄칠 수 있는 '에피라(ephyra)' 시기를 거친 후 성체 해파리

바다를 벗 삼은 생존의 달인들

113

가 된다. 물에 뜨는 성체 '메두사 세대'는 유성세대이고, 움직이지 않고 고착 생활을 하는 유생인 '폴립 세대'는 무성세대이며, 이렇게 유성세대와 무성세대가 교대로 일어나는 '세대교번(世代交番, 세대교대)'를 한다.

해파리하면 누가 뭐래도 먼저 생각나는 것이 알싸한 해파리냉채다. 동물의 진화 순서를 따지면 맨눈으로 보이지 않는 원생동물, 먹지 못하는 해면동물 다음(세 번째)에 자포동물이 자리한다. 식재료로 사용하는 해파리는 '근구(根口)해파리'목에 속하는 11종인데, 그중에서 살이 쫄깃하고 독이 없는 중국의 숲뿌리해파리(*Rhopilema esculentum*)나 미국의 대형해파리(*Stomolophus meleagris*)를 주로 수입한다.

냉채는 삿갓을 이용하는데, 이들 식용 해파리의 갓 지름이 무려 1미터, 무게가 물경 150킬로그램이나 된다고 하며, 95퍼센트가 물로 되어 있는데, 소금에 절이면 물이 빠져 원래 체중의 7~10퍼센트로 준다. 여러 과정을 거쳐 시장에 팔려 나온 해파리는 94퍼센트의 물과 6퍼센트의 단백질로 구성되어 있다. 단백질의 주성분은 쫀득쫀득한 콜라겐(collagen)인데, 이를 이용해서 류머티즘 치료약을 만들기도 한다.

해수욕장이나 어장을 발칵 뒤집어 놓는, 가장 말썽을 피우는 사고뭉치 해파리 삼인방으로는 작은부레관해파리, 노무라입깃해파리, 유령해파리를 들 수 있다. 그중에서 어민들이 질색하는 녀석은 여름과 가을에 한국, 일본, 중국 연안에 나타나는 노무라입깃해파리(*Nemopilema nomurai*)인데, 큰 놈은 갓길이가 2미터 안팎에 필자 체중의 3배에 달하는 200킬로그램 남짓 나간다. 벌러덩 누워 있는 그놈의 대부등만 한 몸집 사진만 봐도 등골이 오싹해 온다.

해파리의 어떤 종은 빛을 감각하는 홑눈(단안單眼, ocelli)을 갖는가 하면, 24개의 눈을 가진 것도 있다. 해파리는 중추신경조차 없지만 그물처럼 상피에 퍼진 신경망으로 감각한다. 해파리의 날카로운 침(자포)이 피부를 찌르면 벌겋게 퉁퉁 붓고 통증을 일으키며, 채찍 모양의 상처를 만들기도 하고, 호흡 곤란·오한·구역질·근육 마비에 심하면 심장 마비로 생명까지 위협한다.

그러면 왜 세계적으로 해파리가 된통 늘어나 험악스레 성질을 부리는 것일까? 지구 온난화로 해수 온도가 상승하면서 생태계 균형이 깨진 것은 물론이고, 물고기의 남획으로 인해 해파리의 천적이 거덜 난 것도 이유다. 다랑어, 도미, 상어, 바다거북, 황새치들이 해파리의 포식자이다. 반면 해파리는 육식동물로 딴 해파리를 주식으로 하며 플랑크톤, 갑각류, 물고기 알, 작은 물고기를 잡아먹는다.

어쨌거나 해파리가 당장은 인간에게 해로울지 몰라도 생태계에는 외려 필히 있어야 하는 소중한 실체이다. 필요 없는 생물은 절대 창조되지 않는다고 하지 않는가. 허투루 하는 소리가 아니다. '어머니 지구'를 되려 못살게 구는 것은 결단코

바다를 벗 삼은 생존의 달인들

노무라입깃해파리

해파리는 자포동물로 둥그런 삿갓과 길쭉한 촉수가 있고, 촉수에는 많은 자포를 가지고 있다. 자포는 오직 자포동물만이 갖는 특수 세포이다. 해파리는 5억 년 전쯤에 지구상에 출현한 것으로 추정된다.

해파리 무리가 아니라 겸손하지 못한 방약무인한 우리 인간이렷다. 온 세상의 동식물들이 인간 꼬락서니가 보기 싫어 못 살겠다고 내지르는 비명이 들려오는 듯하다.

가난한 선비들을 살찌우던
비유어(肥儒魚), 청어

○

　"청어 굽는 데 된장 칠하듯"이란 살짝 보기 좋게 바르지 않고 더덕더덕 더께가 앉도록 지나치게 발라서 몹시 보기 흉한 것을 말한다. 또 "눈 본 대구 비 본 청어"란 말도 있는데 눈이 내릴 때는 대구가 많이 잡히고, 비가 올 때는 청어가 많이 잡힌다는 것을 이르는 뜻이다. 청어(青魚, *Clupea pallasii*)는 몸빛깔이 청록색이라 붙여진 이름으로 보통 '비웃'이라 부르고, 옛날에는 청어가 값싸고 맛이 있어 딸깍발이들이 잘 사 먹는다고 하여 '비유어(肥儒魚)'로 불렸다고 한다.

　청어는 경골어강, 청어목, 청어과에 속하며, 주로 북태평양(한국·일본·러시아·알래스카·미국·멕시코)에 사는지라 '태평양 청어(Pacific herring)'라 부른다. 세계적으로 청어과에는 전어·밴댕이·정어리·준치 등 200여 종이 있다. "전어 굽는 냄새에 나갔던 며느리 다시 돌아온다"고 했던가. 수온이 2~10도에 사는 냉수성인 바닷물고기로 예전에는 우리나라 연안에서도 수

없이 잡혔으나 해가 갈수록 점점 줄어들어 지금은 거의 잡히지 않는다. 같은 과의 정어리가 자취를 감추듯이, 일찍이 없었던 지구 온난화로 해수 온도가 오른 탓이다.

몸빛은 등 쪽은 다소 푸른빛을 띠고, 배 쪽은 은백색이며, 나머지는 아무런 반점 하나 없이 깨끗하고 말끔하다. 몸뚱이는 좌우 양편에서 눌려져 납작(측편)한 편이고, 몸통 길이는 33센티미터 안팎으로 기름기가 많은 어류라 눈 주위로 기름눈까풀(눈을 덮고 있는 지방질의 눈까풀)이 있다. 아래턱이 위턱보다 앞쪽으로 약간 돌출되고, 등지느러미는 1개로 몸의 중앙에 위치하며, 꼬리지느러미는 두 갈래로 가운데가 깊이 파였다. 비늘은 떨어지기 쉬운 둥근 비늘인 원린(圓鱗)이며, 배 정중선을 따라 날카로운 모비늘인 능린(稜鱗)이 1줄로 난다. 아래턱에는 이[齒]가 전혀 없고, 위턱에는 흔적만 있어서 먹이를 잡지 못하고 둥둥 떠다니는 갑각류의 유생 따위를 아가미로 걸러 먹는 여과섭식(filter feeding)을 한다.

산란기는 4월경으로, 이맘때면 한류가 흐르는 연안에서 무리를 이루어 내만(內灣)이나 하구(河口)로 달려와 주로 해조류에 산란한다. 다른 물고기도 그렇지만 한번에 2만 개 남짓한 알을 낳지만 몽땅 딴 물고기들에게 잡혀 먹히고 고작 한두 마리만 새끼로 살아남는다고 한다.

청어는 3~4월경, 산란하기 전의 봄 청어가 가장 맛이 좋고 무침, 구이, 찜, 회, 조림 등 여러 방법으로 조리하며, 그중에서 등 쪽에 알뜰히 칼집을 드문드문 내고 굵은 소금을 뿌려 두어 물기를 뺀 다음에 석쇠를 달군 후에 기름을 바르고 노릇노릇하게 구워 낸 청어 구이가 고소하면서도 감칠맛이 나는 것이 일품이다.

청어에는 필수 아미노산이 풍부하고 비타민 A, 칼슘, 철분 등의 영양소가 고루 들었으며, 콜레스테롤 수치를 낮추는 불포화지방산이 많이 들어 있어 성인병 예방에도 좋다. 필자도 손끝 매운 집사람이 겨울 알배기 청어를 뚝배기 된장국에 박아 자박자박 끓여 줘서 줄곧 풍미를 즐겼었는데, 노후에 이가 시원치 않은 까닭에 잔가시가 겁나 요즘에는 청어 먹기를 꺼리게 되었다.

더불어 예로부터 즐겨 먹어 온 청어 과메기가 있다. 과메기는 겨울이 제철로, 한겨울에 잡은 때깔 좋은 청어를 배를 따지 않고 소금도 치지도 않은 채 그대로 엮어 그늘진 곳에서 겨우내 얼리면서 말린다. 기온이 영하로 떨어지기 시작하는 11월 중순부터 날씨가 풀리는 설날 전후까지 과메기를 말리니, 황태를 덕장 건조대에서 말리듯 밤낮의 큰 일교차로 얼었다 녹았다 하면서 보름 가까이 숙성시킨다. 이른바 '과메기'란 '관목청어(貫目靑魚)', 즉 꼬챙이 같은 것으로 청어의 눈을 꿰어(관목貫目) 말렸다는 뜻인데, 포항 근방에서는 '목'을 흔히 '메기'로 부르니 결국 '관목'이 '과메기'가 된 것이다.

유례없이 청어가 사라지다 보니 이젠 청어 대신에 꽁치를 말려 관목으로 쓰기 시작하였다고 한다. 구릿빛이 돌면서 기름기가 반질반질한 푸진 과메기 한 점을 생미역에 올리고 실파와 초고추장을 곁들여 싸 쥐고는 아가리가 찢어지게 한입 틀어넣어 아귀아귀 씹는다. 물론 소주 한 잔 걸치는 것은 당연지사, 글을 쓰는데도 어찌 이리도 군침이 도는 것일까.

그런데 유럽인들도 청어를 즐긴다. 필자도 네덜란드 길거리 노점에서 체면 불구하고 청어 몇 점을 먹어 보았다. 머리와 내장을 손질한 청어를 식초에 절여 놓은 것으로, 통째로 들고 씹어 먹는데 맥주나 피클을 곁들이기도 한다.

그런데 대부분의 물고기나 고래, 돌고래, 펭귄들은 말할 것도 없고, 나무에 사는 새나 갈매기 같은 바닷새도 다들 등은 검푸르고, 배는 구아닌(guanine) 결정 때문에 은빛이다. 하늘에서 태양이 비치면 위는 밝게 산란·반사하고, 아래는 짙은 그늘이 드리워진다. 다시 말하면 청어를 위에서 내려다보면 등짝 색과 어두운 바다 밑바닥 색이, 또 아래에서 치보면 배의 흰색과 하늘에서 비추는 햇살이 짐짓 비슷해져 천적(포식자) 눈에 잘 띄지 않고, 또 먹잇감(피식자)이 눈치채지 못한다.

이렇게 햇빛에 노출되는 등은 어두운 색, 그늘진 배는 밝은 색이 되므로 주변 환경과 색의 조화(일치)를 이루어 몸을 방어, 은폐하니 일종의 위장이다. 이런 현상을 방어피음(防禦被陰, countershading)이라 하는데, 이런 원리를 처음 연구 발표한 화가 테이어(Thayer)의 이름을 따 테이어 법칙(Thayer's law)

이라고도 한다. 두말할 것 없이 등의 짙은 색은 나름대로 자외선을 차단하는데도 한몫한다. 여러 동물들의 체색이 흑백배색을 하는 이유도 이러한 이유 때문이다.

독을 품고 이를 갈지만
살이 푸짐한 생선, 복어

○

복국 맛이 나는 절후[1]가 왔다. 음식도 철에 따라 궁합이 있어 가을철 하면 단연코 복국과 추어탕을 빼놓을 수 없다. 생뚱스럽게도 체중을 줄이겠다고 아등바등하는 필자가 이렇게 음식 이야기를 쓸라치면 오장육부가 뒤틀리고 군침 소비가 퍽이나 는다. 의사님께서 대사증후군이니 살을 빼란다. "배고픔을 즐긴다", "음식은 밥상머리에서만 먹는다", "군것질은 죽어도 않는다" 등등 이를 바드득 갈면서라도 지켜야 하기에 그렇다. 암튼 7~8킬로그램 몸무게를 던 탓에 삼혈(혈압, 혈당, 혈중 콜레스테롤)이 거의 제자리를 잡아서 천만다행이다. 헛배의 군살은 아무짝에도 소용없는 것이매……

어쨌거나 술꾼들은 속풀이를 하려고 마냥 복집을 찾는다. 그런데 복어는 다른 고기에 비해서 껍질이 두껍고 질겨 박제

---

1 '절기'란 뜻.

로 안성맞춤이다. 그래서 일식집에 들면 여기저기 구석에서 가시가 송송 난 풍선 같은 복쟁이[2]가 우리를 반기지 않던가. 아무튼 콩나물에 풋미나리를 듬뿍 넣고, 무를 듬성듬성 썰어 넣어 한참 푹 끓인 다음, 마늘을 한가득 푼 아릿한 복국 한 사발이면 속 쓰림이 감쪽같이 사라진다. 후룩후룩 희뿌연 복어국물이 그립다. 또 군침이 돈다.

복어란 참복과의 물고기를 통틀어 이르는 말로, 몸은 똥똥하고 비늘이 없으며, 등지느러미가 작고 이가 날카로우며, 적에게 공격을 받으면 공기를 들이마셔 앞배를 불룩하게 내미는 것이 특색이다. 우리나라에 나는 복어만도 황복, 까치복, 자주복, 가시복 등 25종이나 되는데, 복어 중에서 가장 잘생긴 놈은 뭐니 뭐니 해도 노란 지느러미에다 몸바탕에 까치를 닮은 희고 검은색의 띠가 고르게 나 있는 멋쟁이 까치복이다. 보기 좋은 떡이 맛도 좋다고, 고기 맛도 절품이며, 주로 해장국으로 먹는 것이 그놈이다. 그런데 그 명품인 까치복 저리 가라는 것이 있으니 바로 황복이다.

복어는 주로 바다나 바닷물과 민물이 섞이는 반 짠물(기수汽水, brackish water)에 살지만, 그중에서 유일하게 민물(강)에도 올라오는 게 황복이다. 복 중에서 천하일품으로 치는 황복은 옛날 사람들이 '강돈(하돈河豚)'이라 불렀으니 살이 푸짐하

---

2 흰점복을 일컫는다.

고 맛도 좋았다는 뜻이리라. 하나, 물맛 좋은 샘이 먼저 마르고 곧은 나무가 제일 먼저 잘려 나가니, 맛있는 황복은 이래저래 위험천만으로 지구에서 사라질 위기에 처했다고 한다.

"복어 이 갈듯 한다"는 말이 있다. 원한에 맺혀 이를 부득부득 가는 사람을 놓고 하는 말이다. 실제로 소리를 내는 어류(sonic fish)들이 있으니, 다른 큰 물고기에게 기겁하여 갈피를 못 잡고 우르르 쫓기거나 상대방을 겁줄 때, 또는 자기 있는 곳을 알릴 적에 소리를 낸다. 조기 무리는 이따금씩 구-구-구- 하는 소리를 내는 습성이 있어서 여름철의 개구리 떼 소리와 비슷한 소리를 읊조린다고 한다. 이런 물고기들은 모두 부레 양쪽에 달려 있는 특수 근육으로 안쪽에 있는 막을 떨리게 해서 소리를 낸다는데, 쥐치나 복어 같은 것들은 입술을 사리물고 이빨을 빠드득빠드득 갈아 소리를 낸다.

그리고 실속 없이 잘난 척 허세만 부리는 사람을 비아냥거릴 때 "복어 헛배만 불렀다"고 한다. 어디 복어가 배탈이 나 공기(가스) 찬 헛배란 말인가? 복어는 위험에 맞닥뜨리면 공기로 배를 빵빵하게 불리기에 하는 말이다. 복어는 자기보다 더 큰 물고기를 만나거나 하면 입으로 공기를 한껏 빨아들여 내장에 붙어 있는 공기를 채워 넣는 '부풀어 나는 주머니(팽창낭膨脹囊)'를 세게 늘려 제 몸뚱이의 4배까지 팽창시킨다고 한다. 이렇게 가뜩 넉살을 부려 상대를 압도하려 드는 것이다.

그렇다. 아이들이 싸움질을 할 때나 수탉끼리 한판 붙을 때도 어깻죽지를 치켜 올리거나 들썩거려 위압을 가하는 것과 다르지 않다. 말이나 개도 상대의 기를 죽이기 위해 갈기를 바짝 세우거나 예리한 이빨을 드러내고 앙칼진 소리를 질러 상대를 주눅 들게 한다. 아무튼 복어는 배가 큰 것이 특징이고, 서양 사람들도 보는 눈이 우리와 다르지 않아서 복어를 배가 '불룩한 물고기'라는 뜻에서 swellfish, blowfish라 부르니 모두 '배불뚝이'란 말이다.

또 "난장 복어 치듯 한다"는 말이 있다. 시골 장날은 아무래도 여러 사람들이 뒤죽박죽, 뒤숭숭 섞여 모여 떠들썩하니 말 그대로 '난장판'이고, 그 난장 바닥엔 복어가 나뒹굴었으니, 아마도 그 옛날엔 피를 뽑고 먹는 법을 몰라 복어를 하찮게 버려 버리는 자질구레한 잡어 정도로 취급했을 터다.

껍데기의 예리한 가시나 이빨은 물론이고, 몸집을 훨씬 크게 보이게 하는 허장성세 말고도, 또 복어는 알이나 피, 내장에 든 테트로도톡신이라는 독성 물질로 몸을 보호한다. 복어 한 마리에 들어 있는 양으로 쥐 몇 천 마리를 죽일 수 있다고 하니 가공할 물질로 조금만 먹어도 혀끝이 얼얼해지고, 사지는 물론이고 전신을 움직이지 못하게 되며, 호흡 곤란까지 일으키면서 심하면 생명을 잃고 만다. 한마디로 복이 사람을 잡는다.

그러나 복어 독으로 치료제를 만들기도 한다. 이 독은 근육을 이완시키는 작용이 있어서 주름 제거제로 쓰이는 보톡

스 대용으로 쓸 수 있고, 말기 암 환자의 진통제, 야뇨증 치료
제, 국소 마취제로도 쓸 수가 있다고 한다. 이처럼 독도 잘 쓰
면 약이 되는 법이다.

까나리와 비슷하나 전혀 딴판인
구이의 대명사, 양미리

○

아득한 옛날이다. 고등학교 선생을 하면서 박사를 해 보겠다고, 발바닥에 불나게 달팽이(육산패陸産貝, land snail)를 채집하느라 온 나라를 샅샅이 헤매고 다닐 때다. 여름엔 제법 큰 달팽이 놈들이 비가 오거나 흐린 날에 밭가나 후미진 돌벼락에 기어 다니기에 채집하기 좋았지만 3~4밀리미터의 쪼매한 놈들은 풀숲에 가려 있어 잡기 힘들었다. 그래서 소형 종은 풀이 마르고, 월동하느라 양지바른 곳에 떼 지어 모이는 겨울 채집을 주로 한다. 이들 역시 변온동물이라, 뱀이나 개구리가 한곳에 모여 겨울나기를 하듯이, 겨울잠을 자기에 좋은 명당자리를 찾아 떼거리로 밀집한다. 땅꾼이 따로 없다. 척 보면 알아차리니, 그럴 때는 노다지를 캔다.

띄엄띄엄 오는 시외버스를 타고 이곳저곳을 다리품 팔아 찾아다니며 야외 채집을 하는 필드 바이올로지스트(field biologist)의 비참하고 초라함은 글로 이루 다 못 쓴다. 만날

라면 끓이는 시간이 아깝기도 하거니와 귀찮기도 하여 과자 부스러기로 아침을 때우고, 또 딴 곳으로 옮겨 다니기 일쑤였다. 그런데 요새 와서 일부러 제자들의 차를 빌려 함께 타고 채집을 해 봤더니만, 근 일주일을 죽자 살자 헤맸던 험난한 곳이 채 한나절도 안 돼 홀가분하게 몽땅 다 해치워지더라. 금석지감(今昔之感)이 있다 하겠다. 그러나 나만 그런 게 아니라 그때는 다 그랬으니…….

초겨울에 설악산 기슭을 며칠에 걸쳐 코를 처박고 눈이 빠지게 채집하고는 바닷가로 내려와 속초 근방 촌마을에 잠자리를 잡을 참이었다. 여관은 값이 비싼지라 이제는 이름조차 찾기 힘든 연탄 냄새 푹푹 풍기는 여인숙에 잠자리를 잡아 놓고, 저녁을 먹으러 어슬렁거리고 있었다. 팍팍한 하루 인생을 끝낸 막일꾼 몇이 연탄 드럼통 둘레에 앉아서 양미리를 안주 삼아 막걸리를 기울이는 게 보였다. 꼴까닥 침이 한입 넘어가던 차에, 느닷없이 무뚝뚝한 소리로 "보이소, 이리 오소" 하며 길손을 보채듯 반겨 주던 훈훈한 인심과 융숭한 대접을 여태 잊지 못한다.

알다시피 양미리는 값에 비해 영양이 풍부하고, 가격도 저렴하여 서민들의 술안주로도 제격이다. 통째로 먹어도 좋고, 맛도 달착지근한 것이 고소하다. 그들 덕에 연탄불 석쇠 위에 구워진 노릇노릇 익은 구수한 양미리에다, 막걸리로 허기졌던 오장육부를 달래게 했던 일이 여태 염념불망(念念不忘)[1]이로다.

양미리(*Hypoptychus dybowskii*)는 큰가시고기목, 양미리과에 속하는 바닷물고기다. 겉모양이 까나리(*Ammodytes personatus*)와 비슷하나 체장이 10센티미터 정도로 15센티미터가 훌쩍 넘는 까나리에 비해 아주 작다. 몸은 가늘고 긴 원통형이지만 조금 옆으로 납작하고, 주둥이는 뾰족하며, 아래턱이 위턱보다 조금 튀어 나왔다. 전체 모양이 마치 커다란 미꾸라지나 뱀장어를 닮았다 하여 'sand eel'이라 부르고, 특별히 우리나라에서 많이 잡힌다 해서 'Korean sand eel'이라고도 부른다.

몸에 비늘이 없고, 몸 빛깔은 등 쪽은 황갈색, 배 쪽은 은백색이다. 배지느러미는 숫제 없고, 등지느러미와 뒷지느러미는 뒤쪽에 아주 치우쳐 자리하고 서로 대칭하며, 꼬리지느러미는 아주 작다. 지느러미는 야문 뼈(경골)가 아닌 연골로 된 연조(軟條, soft ray)이다.

연안 모래 바닥에 무리 지어 살고, 갑각류인 새우나 물벼룩, 어린 물고기(치어) 등을 주로 먹는 육식 어류다. 암컷이 수컷보다 크며, 대물(大物)은 전장 15센티미터가 넘는 것도 더러 있다고 한다. 산란기는 4~7월로 수심 2~3미터에, 갈조류인 모자반 종류의 해초가 무성한 암초(바위나 산호)에 산란하며,

---

1 자꾸 생각이 나서 잊지 못한다는 뜻.

까나리(위)와 양미리(아래)

까나리와 양미리는 모습이 비슷하다. 까나리는 둥근 비늘로 덮여 있으며 등지느러미가 매우 길어 등 전체를 덮고 있다. 반면 양미리는 몸이 가늘고 긴 원통형으로 배지느러미가 없고 등지느러미와 뒷지느러미는 뒤쪽에 아주 치우쳐 서로 대칭으로 자리한다.

콩팥(kidney)에서 분비한 끈적끈적한 점액으로 알을 달라 붙인다.

한류성 어종으로 한국, 일본, 사할린섬, 오호츠크해 등지에 분포하고, 우리나라는 강릉에서 고성군에 이르는 동해안에 살며, 초겨울이 시작되는 11월 이후 한겨울까지 잡히는데 한창 잡힐 때는 하도 많아서 삽으로 퍼 담을 정도라고 한다. 뼈가 그리 세지 않아 통째로 뼈째 먹는 생선으로, 소금구이, 볶음, 조림, 찌개 등으로 요리한다. 산지에서는 싱싱한 놈을 회로 먹기도 하는데, 무엇보다 앞에서 본 것처럼 육식성 어류라 비린내가 거의 없다.

까나리와 양미리가 다른 점을 간단히 보자. 까나리액젓으로 널리 알려진 까나리와 구이의 대명사인 양미리를 구분하기는 힘들다. 그러나 까나리는 농어목 까나리과이고, 양미리는 큰가시고기목, 양미리과로 벌써 목(目, order)의 단계에서 생판 다른 별종이다. 겉은 비스꾸리 닮았지만 속속들이 다르다.

까나리는 우리나라 전 해안에서 사는데 특히 서해안에서 많이 잡히고, 양미리는 동해안에서 잡힌다. 또 까나리는 양미리보다 커서 체장이 15센티미터나 되고, 둥근 비늘로 덮여 있으며, 등지느러미가 매우 길어 등 전체를 덮고 있다. 모래에 살며 주둥이가 찌르는 창을 닮았다고 하여 'sand lance'라 불린다. 양미리가 극동 지역(서태평양)에 주로 난다면 까나리는 태평양이나 대서양 등 세계적으로 분포하는 지역이 제각각 다르다.

까나리는 급류를 피하기 위해 모래를 파고들어 대가리만 밖으로 쏙 내놓는 습성이 있으며, 부레가 없어 뜨지 못하고 늘 밑바닥에서 산다. 또한 카멜레온처럼 두 눈이 따로 노는 (한쪽 눈은 움직이고 다른 눈은 멈춘 상태) 독립된 눈을 가져서 먹이를 빠르게 잡을 수 있다고 한다. 일목요연(一目瞭然)한 것일까? 아무튼 양미리와 까나리는 아주 딴판인 물고기이다.

걸어 다니는 또 하나의
우주와 생명들

너구리 똥도 져 나르는 넉살 좋은 놈, 오소리

◯

'오소리감투'란 '오소리 털가죽으로 만든 벙거지'를 일컫는 말인데, "오소리감투가 둘이다"라고 하면 어떤 일에 주관하는 사람이 둘이 있어 서로 다툼이 생긴 경우를 비유적으로 이르는 말이다. "범 없는 산에서 오소리가 왕질 한다" 하고, 방에 매캐한 연기가 한가득 차면 "오소리 굴 같다"고 한다.

오소리(*Meles meles*)는 족제빗과의 야행성 포유동물로 세계적으로 9종이 있으며, 그중에서 우리나라에 사는 '오소리(Eurasian badger)'가 몸길이 60~90센티미터, 몸무게 12~18킬로그램으로 가장 큰 축에 든다고 한다. 여기서 'badger'는 '굴을 잘 파는 놈'이란 뜻이다. 그들은 뭐니 뭐니 해도 작은 귀 끝이 희고 얼굴에 나 있는 넓적한 세 개의 굵은 흰 줄무늬가 가장 큰 특징이라 하겠다.

오소리는 후각이 발달했지만 눈은 아주 작고 시력은 온전하지 않으며, 청각은 되레 사람만 못하다고 한다. 거칠기 짝이 없는 털은 회백색으로 다소 갈색 털이 섞여 있으며 끝이 가늘고 뾰족하다. 얼굴과 두개골은 좁고 긴 것이 꼭 족제비를 닮았으며, 몸집이 원통형으로 굵고 땅딸막하며 살집이 풍성하다. 뭉뚝하고 근육성인 예민한 코로 냄새도 맡지만 땅을 파기도 하며, 앞다리의 발가락이 뒷다리에 비해 훨씬 길고, 크고, 강하며 끝자락에 날카로운 발톱이 나 있어 지딱지딱 땅굴을 잘도 판다.

오소리는 지렁이, 벌, 개미, 매미 유충 같은 곤충을 주식으로 하고 쥐나 개구리도 잡아먹는 육식성으로 견치(犬齒)[1]가 발달했고, 먹을 게 없는 늦가을이나 초봄에는 과일, 견과류, 식물 뿌리들도 먹어 잡식성을 보인다. 먹이는 반드시 현장에서 먹어 치우지 굴에 가져오는 법이 없으며, 종종 과수원에 떨어진 발효 중인 과일을 주워 먹고 술에 취해 비틀거리는 수도 있다니 그럴 때 잡으면 되겠다! 중국은 이발소의 비누 솔이나 고급 페인트칠 솔로 쓰는 털을 수출하기 위해 오소리 농장에서 사육하고, 우리나라에도 고기나 기름용으로 키워 억대 부자가 된 농장이 여럿 있다고 한다. 오소리는 한국, 중국, 일본, 러시아, 유럽 등지에 널리 분포한다.

굴은 복잡하게 그물처럼 연결되어 있으며, 여름 굴은 번식용이고 겨울 굴은 겨울잠을 자는 곳이다. 동면은 12~3월까

---

1 '송곳니'를 뜻함.

<u>오소리</u>

오소리는 상당히 평화롭고 사회적인 동물로 여우나 너구리가 꼽사리 붙어도 기꺼이 함께 지낸다. 그래서 생긴 말이 "똥 진 오소리"란 말이다. 너구리굴에서 함께 사는 너구리 똥까지 져 나른다는 데서 남의 뒤치다꺼리까지 도맡아 하는 사람을 놀림조로 이르는 말이다.

지로 후미진 곳에 있는 땅굴 입구는 크기가 15×10센티미터 정도이고 굴 길이는 20미터 이상 되며, 동면 때는 입구를 흙이나 낙엽으로 꽉 틀어막는다. 굴에 사는 놈들이 다 그렇듯이 녀석들도 도망갈 구멍을 마련해 놓는다. 덫(올무)을 놓거나 땅바닥에 구덩이를 파고 그 위에 너스레를 친 위장 구덩이인 허방다리를 파 놓아 잡기도 하지만, 굴 주둥이에 생솔가지 불을 피워 부채질하여 지독하게 매운 연기에 숨이 막혀 밖으로 도망쳐 나오는 놈을 기다렸다가 잡기도 한다.

오소리는 상당히 평화롭고 사회적인 동물로 여우나 너구리가 꼽사리 붙어도 기꺼이 함께 지낸다. 그래서 "똥 진 오소리"란 말이 있으니, 너구리굴에서 함께 사는 너구리 똥까지 져 나른다는 데서, 남이 더러워서 하지 않는 일을 도맡아 하거나 남의 뒤치다꺼리까지 하는 사람을 놀림조로 이르는 말이다. 꼬리 아래의 미하선(尾下腺)에선 사향이 풍기는 크림색 지방 물질을, 항문선(肛門腺)에서는 악취 나는 홍갈색 액체를 분비하니 이런 분비물을 바위나 나무 밑동에 발라 행동권인 텃세(영지)를 표시하고 오가는 통로의 표적으로도 삼는다.

오소리는 주로 산림 지대에 살며, 임신 기간은 270~284일이고 새끼는 2~6마리를 낳으며 3쌍의 젖꼭지가 있다. 한 굴에 몇 세대가 함께 무리 생활을 하니 한 무리는 보통 어른 여섯에 많으면 가족이 모두 23마리나 된다고 한다. 야, 대가족이다! 일부일처라 하지만 거의 모든 동물이 그렇듯이 암컷은 여러 수놈들과 무시로 교잡하여 다양한 유전자를 받아 여러 특성을 가진 새끼를 낳는다. 늑대, 스라소니, 개 등의 포식자(천적)에 쫓기거나 하여 위급한 상황에 처하면 금세 죽은 시늉을 하다가 기회를 엿보아 역습을 하거나 멀쩡하게 도망간다.

그런데 고릴라, 침팬지 등의 영장류나 오소리, 여우 같은 많은 동물에서 기막힌 생식 현상을 볼 수 있다. 일종의 종내경쟁(種內競爭)으로, 꿀벌 집단에서 그렇듯 명실상부한 암놈 대장(여왕벌)만이 독점하여 임신하고 층층시하(層層侍下)[2], 나머지 하급 암컷(일벌)들은 새끼 치기를 못한다. 하더라도 까딱 잘못하면 동아리에서 쫓겨나거나 낳은 새끼는 죽임을 당한다. 서열이 낮은 지지리 못난 암컷들을 'helper(nurse)'라 하며, 대거리 한 번 못하고 고분고분 대장의 분만과 새끼를 양육하는 시중을 들다가 나중에 두령이 죽은 다음에라야 우두머리가 되어 새끼를 밴다. 다 사연이 있는지라, 아마도 집단의 크기를 조절하는 행위이지 않나 싶다. 이렇게 '아랫것'들은 이빨을 사리문 암컷 대장이 갈구고 채근하는 무시무시한 스트레스성 억압 탓에 난소 크기가 '윗분'의 반밖에 되지 않으며, 핏속의 성호르몬이 배란에 필요한 양의 반에도 미치지 않는다. 그러나 이런 못난이 무거리[3] 녀석들을 무리에서 떼어

---

2 부모와 조부모 또는 그 이상의 어른들이 모두 살아 있음을 뜻하는 말로 위로 모셔야 할 어른들이 많아 처신하기가 어려운 상황을 말한다.

3 변변치 못하여 한 축에 끼이지 못하는 사람을 말한다.

놓으면 곧장 배란을 한다.

　한데, 짝짓기를 끝낸 수벌이 그렇듯 원숭이나 사자 등도 힘 빠진 늙정이 수컷들은 하릴없이 무리에서 내쫓겨나 외롭게 홀로 지내다 시나브로 죽고 만다. 사람 늙다리도 그놈들 흉볼 처지가 못 된다. 워낙 엄처시하[4]인지라, 늙은 '대장' 여자들이 폐기 처분감인 '하급' 남자를 맘대로 다그치고, 수시로 쥐고 흔든다. 그러나 어찌하리요, 그 또한 자연 현상인 것을. 그렇 지 않은가?

---

4 엄한 아내를 모시는 그 아래란 뜻. 아내에게 쥐여사는 남편을 말함.

부부처럼 긴긴 세월 함께한
인간의 동반자, 돼지

○

자(子), 축(丑), 인(寅), 묘(卯), 진(辰), 사(巳), 오(午), 미(未), 신(申), 유(酉), 술(戌), 해(亥), 십이지(十二支) 중에서 마지막 해(亥)는 돼지다. 집돼지는 멧돼짓과에 속하는 포유동물로, 산돼지를 순치(馴致)한 것이다. 그것을 품종 개량한 것이 우리 토종 돼지를 포함하여 요크셔, 버크셔 등 여러 품종들이다. 산돼지가 말 그대로 공격적이고 저돌적[豬突的, '저(豬)'는 돼지나 산돼지를 이른다]이라면 집돼지는 길이 들어서 순하다. 그리고 돼지는 새끼를 열 마리 넘게 낳아 대니 다산을 상징하고, 돼지의 한자 발음 '돈(豚)'이 돈(화폐)과 같아서 재물을 뜻하기도 한다. 그래서 사람들은 돼지꿈을 꾸면 복권을 산다. 또 돼지해에 태어난 돼지띠는 잘산다고 한다.

돼지는 잡식성으로 몸통에 비해 다리가 짧고, 껍질과 피하 지방이 아주 두꺼우며, 눈이 작은 편이고, 유달리 꼬리가 말린 것이 몽탕하다. 발가락은 4개씩이고 그중 2개가 크고 짜개

걸어 다니는 또 하나의 우주와 생명들

진 발굽인데, 소와 돼지는 발굽이 둘인 우제류이지만 말[馬]은 한 개로 기제류다. 그리고 돼지는 목통이 아주 굵고, 삐죽한 입 위에 뚱그렇고 두꺼운 육질이 있으며, 거기에 콧구멍이 뻥 뚫려 있다. 주둥이가 튼튼하고 길어서 땅을 잘 판다는 말인데, 잘 보면 돼지 주둥이는 코와 윗입술이 따로 없이 둘이 하나로 붙었으며, 코끼리 코 또한 코와 입술이 합쳐진 것이다. 또한 코끼리의 상아는 앞니가 길어난 것이라면 산돼지의 엄니는 송곳니가 변한 것이다.

내 기억이 정확하다면 우리가 학교를 다닐 때는 '도야지'가 표준어였다. 말도 진화(변화)한다. 돼지의 원래 말은 '돝'이었는데 그것이 '도야지', '도치'로 불려졌다 한다. 또한 도, 개, 걸, 윷, 모(돼지, 개, 양, 소, 말)가 달리기를 하기도 한다! 윷놀이에서 '도'는 돼지의 곁말이 아닌가. 그리고 '돼지'라거나 '돼지 같은 녀석' 하면, 아무거나 잘 먹거나 욕심이 많으며, 몹시 무디고 미련한 사람을 비유하며, 뚱뚱한 사람에게 놀림조로 쓰기도 한다. '똥돼지'란 말은 그래도 귀염성이 잔뜩 묻어 있는 놀림 말이라 하겠다.

감나무 밭에서 네 다리가 꽁꽁 묶인 꼬마 돼지를 누여 놓고 불알을 깔 때나, 다 큰 성돈의 멱을 딸 때 '꽥~꽥~꽥~꽥' 동네방네가 떠나가게 내지르던 그 소리가 아직도 귀에 쟁쟁하다. '돼지 불알 따는 소리' 말이다. 새끼 수퇘지의 불알을 사금파리로 까서 거세한 것으로, 그래야 얌전하게 잘 자라며 살

코기에서 수컷 냄새(지린내)가 나지 않는다. 모질고 잔인한 인간들, 죄는 지은 데로 가고 덕은 쌓은 데로 간다는데. 장골이 꽁꽁 묶인 돼지에 올라타 누르고선 예리한 칼로 목(기도와 식도)을 따서, 푹푹 숨결에 쏟아지는 피를 함지박에 받기도 했으니 바로 순대용이다.

예전에는 집집마다 거름을 얻기 위해서라도 돼지를 한두 마리씩은 키웠다. 꿀꿀 꿀돼지는 고기에다 기름, 가죽, 내장, 갈비, 털, 피, 족발까지 준다. 돼지 기름으로 전을 부치고, 피와 내장(대장)으로 순대를 만들며, 뼈다귀로는 감자탕을 해 먹고, 억센 털을 구두 솔로 쓰기도 했다. 그뿐인가. 웃음 띤(?) 입 벌린 돼지 대가리를 제물로 바치니 사람들은 그 앞에 절하고, 아가리에 돈을 꽂는다. 돈(豚)이 돈을 물고 있는 모습이라니……. 그런데 돼지 족발을 우리만 먹는다고 생각하면 큰 오산이다. 멕시코 인들과 중국 사람들도 즐겨 먹는 것을 본 적이 있다.

돼지를 잡는 날에는 우리 조무래기 꼬마둥이들도 한껏 기대에 부푼다. 손질하는 물가에까지 따라가서 기웃거리다가 "옛다, 가져가라!" 하고 돼지 아랫도리에서 오줌보를 떼어 던져 주면 이내 쟁탈전이 벌어진다. 돼지 오줌보를 얻어다가 바람을 빵빵하게 불어넣어 논바닥에서 뻥뻥 공차기를 한다. 늘 가는 새끼를 둥그렇게 둘둘 말아 찼던 볏짚 공에 비하면 돼지의 방광으로 만든 공은 펑! 펑! 소리뿐만 아니라 물컹하게 발등에 닿는 감촉까지 그리도 좋았다. 콧물을 줄줄 흘리면서 공차기 하던 그 어린 시절은 이제 다시 오지 않는 것일까. 정녕 세월을 되돌릴 수 없는 것일까.

그런데 어쩌다가 산돼지가 그렇게 많아졌단 말인가. 도시 근교에는 물론이고 한가운데까지 나타나고 있으니 말이다. 생태계는 참 오묘하게 얽혀 있고, 먹고 먹히는 복잡한 관계에서 약육강식의 정글 법칙이 성립한다. 알고 봤더니 산돼지의 포식자가 없으니 무적 멧돼지가 된 것이다. 사람에게도 덤비는 놈들이 아닌가. 먹이 피라미드의 제일 꼭대기에 범, 늑대들이 차지해야 할 터인데 얄궂게도 산돼지가 그 자리에 올라서 판을 친다. 개체 수가 늘어나다 보니 서로 먹이와 삶터 다툼질이 일어나 힘이 약한 놈들이 밀려나니 그것들이 도회지에도 출현하기에 이르렀다. 묏등[1]의 지렁이를 잡아먹겠다고 봉분을 파헤치는 것은 다반사이고. 나쁜 놈들!

돼지는 참 사람과 가까운 동물이다. 당뇨가 덧나 아주 심하게 되면 결국 인슐린 주사를 맞는다. 생체 인슐린으로는 주로 소나 돼지의 췌장(이자)에서 뽑은 것을 쓰는데, 소의 인슐린보다 돼지의 것이 훨씬 효과가 있다고 한다. 이렇게 척추동물의 호르몬은 사람의 것과 아주 흡사하기에 동물의 것을 사람에게도 쓸 수 있다.

---

1 무덤의 윗부분.

무균 돼지를 들어 본 적도 있을 것이다. 돼지의 심장이나 콩팥 같은 장기를 사람에게 이식하기 위해 키우는 것인데, 이 것은 사람의 장기와 돼지의 것이 아주 닮았고, 크기도 비슷한 탓이다. 부부가 서로 닮는다고 하더니만, 긴긴 세월 우리와 같이 살아온 돼지라서 사람을 닮은 것일까, 아니면 사람이 그 들을 닮는 것일까?

물에 살며 새끼를 낳는 뱀, 무자치

○

동물이나 식물이나 다 다종다양해서 자기가 사는 자리가 따로 있다. 흔히 뱀은 땅에서만 사는 줄 아는데 굽이굽이 흐르는 강가나 광대무변한 바다에도 깃든다니 신비롭다 하겠다. 민물에 사는 물뱀(water snake)이 무자치인데, '무자수', '떼뱀'이라고도 불린다. 옛적에 촌놈 필자도 이렇게 더운 날이면 노상 강물에 살면서 가재, 새우(징거미), 물고기를 애써 잡았으니, 명색이 사내랍시고 일종의 사냥을 하고 있었던 셈이다.

그때는 통발이나 족대[1] 없이도 맨손으로 돌덩이 밑을 두 손으로 감싸 잡는 손더듬이를 했다. 미끄덩하고 물컹한 것이, 앗! 직감적으로 무자치라는 것을 알아챈다. 뱀장어가 그런 곳에 있을 리 만무하니 말이다. 흔치는 않지만 가끔 이런 꺼림칙한 일을 당했다. 길바닥의 뱀도 한번 잡아 보지 못한 여

---

1 물고기를 잡는 기구. 작은 반두와 비슷하지만 그물 가운데가 처져 있음.

148

리디 여린 심성의 내가 손으로 서슴없이 물뱀을 움켜쥐었으니……. 그때 생각만 하면 지금도 절로 모골이 송연하다.

저쪽 강둑으로 물뱀이 건너는 것을 본 적도 있었는데, 다른 땅에 사는 뱀들과 달리 머리를 물속에 집어넣고 헤엄을 치는 것이 흥미로웠다. 무자치는 겨울잠을 잘 때와 가을에 새끼낳을 적에만 땅에서 살고, 보통은 물이 고인 저지대의 논·수로·웅덩이·저수지나 강가와 냇가에 지내면서 물고기나 개구리, 소형 설치류를 잡아먹는다. 그런데 무지치가 물속에서 내리 머물진 않지만, 여름철 한더위엔 물속에서 한참을 지낸다고 한다.

뱀과에 속하는 몸길이 60~90센티미터의 파충류인 무자치(*Elaphe rufodorsata*)는 제주도를 제외하고 전국에서 서식하는 민물뱀(freshwater snake)으로 밤낮을 가리지 않고 활동한다. 몸은 긴 원통이며, 꼬리는 가늘고 길다. 머리는 목 부분보다 현저하게 크고, 등에는 연한 갈색 또는 황갈색 바탕에 중앙선을 따라 오렌지색 세로줄이 나며, 무독에 공격적이지도 않으면서 누룩뱀(*Elaphe dione*)을 많이 닮았다. 파충류 중에 물이란 환경에 적응한 것에는 강물에 사는 자라나 남생이, 바다거북, 악어 등을 빼고는 뱀들이 유일하다 하겠다.

뱀은 꾸물꾸물, 꾸불꾸불거리며 지그재그로 뱀 운동을 하는데, 덕지덕지 빽빽하게 포개진 배비늘(복린腹鱗, belly scale)을 곤추세워 앞으로 기어간다. 그런데 물뱀은 이런 복린이 없을뿐더러 배비늘이 포개지지 않고, 대신 꺼끌꺼끌한 모(돌기)가 난 모비늘(능린綾鱗, keeled scale)이 특징이다. 그래서 미끄러운 점액 비늘로 덮인 물고기도 대번에 휘감는다.

우리나라에 있는 뱀은 고작 11종인데(겨울이 모질게 추워 겨울나기가 힘든 탓이다), 그중에서 뱀과에 속하는 8종은 독이 없으면서 난생한다. 유독 무자치만 난태생을 한다. 구렁이·능구렁이·누룩뱀·무자치·유혈목이·대륙유혈목이·실뱀·비바리뱀들이 국내 서식하는 뱀들이다. 독뱀이면서 난태생하는 살모사과 3종에는 쇠살모사·살모사·까치살모사가 있다. 무자치는 한국 말고도 일본과 대만에도 서식한다.

무자치는 보통 4~5월에 짝짓기 하여 9월 초에 강가·논·밭·야산의 풀이나 돌담이 있는 곳에 새끼 7~16마리를 낳는데, 어미 뱀은 새끼를 보호하지 않는다. 참고로 알이 발생하여 새끼가 되는 것을 난생(oviparity), 태반의 영양분을 받아 새끼로 태어나는 것을 태생(viviparity), 어미에게서 양분을 따로 받지 않고 단순히 알이 몸 안에서 발생, 부화하여 새끼로 나는 것이 난태생(ovoviviparity)이다. 난생보다는 난태생이 생존에 유리하고, 새끼를 젖으로 먹여 키우는 포유류가 가장 새끼를 잘 키우는 것임은 말할 필요가 없다.

무자치도 예전에는 아주 흔한 뱀 가운데 하나였으나, 지금은 농약을 쓰지 않는 논에서나 드물게 보인다고 한다. 참고로 무자치 같은 독을 가지지 않은 뱀은 먹잇감을 칭칭 똬리를 틀

무자치

누룩뱀을 많이 닮은 무자치는 제주도를 제외하고 우리나라 전국에서 서식하는
민물뱀이다. 연한 갈색 또는 황갈색 바탕의 등에 중앙선을 따라 오렌지색 세로줄
이 나 있고 무독성에 공격적이지 않다.

어 죽이지만 독뱀은 통째로 잡아먹는다. 어쩜, 참 뜨악하게도 호주의 건장한 민물 뱀이 독두꺼비(cane toad)에게 개망신을 당하기도 한다. 즉, 벼르고 노리던 두꺼비에게 되레 맹한 반편이 뱀이 잡혀 먹히니 생태계(먹이사슬)의 치명적인 역전 현상이라 하겠다.

한편 바다뱀(sea snake)은 전 세계적으로 17속 62종이나 된다. 고래나 물개처럼 본디 땅에 살던 것이 기어코 바다로 들어가 적응한 것으로, 일생을 육지와 가까운 후미진 하구나 천해[2]에 지낸다. 바다뱀은 몸이 좌우 양쪽으로 눌려 두께가 얇고 납작하며, 전체적인 모양은 뱀장어를 닮았다. 또 밤낮으로 활동하고, 꼬리는 노를 닮아 헤엄을 잘 치며, 아가미가 없기 때문에 가끔 수면으로 올라와 허파로 공기를 들이마신다. 그러나 껍질이 두꺼운 다른 파충류와는 달리 살갗이 얇아 피부 호흡이 전체 호흡의 얼추 25퍼센트를 차지하기에 90미터까지 잠수하여, 몇 시간을 바다 밑에서 머물기도 한다.

몸길이는 보통 120~150센티미터이고, 눈은 작으며, 사람처럼 둥근 눈동자를 가지면서 등 쪽에 콧구멍이 붙었다. 역시 민물뱀같이 난태생하며, 민물뱀처럼 껄끄러운 복린이 없고 우둘투둘한 비늘이 겹쳐지지 않아서 땅에서는 활동이 불가능하다. 또한 이들은 주로 장어 무리들을 물어 독니를 집어넣어 단숨

---

2 해안에서 수심 200미터 되는 데까지 이르는 얕은 바다.

에 죽이고, 조개나 새끼 오징어 등도 먹는다. 폐가 아주 커서 전신을 다 차지하다시피 하는데, 이는 가스 교환을 하기 위해서이기도 하지만 몸을 물에 뜨게 하는 부력과 관련이 있다.

아무튼 예사롭지 않은 동물인 물뱀과 바다뱀은 수계(水系)란 환경에 적응했기에 여러모로 서로 참 많이 닮았다. 뱀들이 물에서 살다니, 놀라운 일이다.

문인필객들이 사랑한
두견이의 본모습, 소쩍새

○

"이화에 월백하고 은한이 삼경인제 / 일지춘심(一枝春心)을 자규야 알랴마는 / 다정도 병인양하여 잠 못 들어하노라." 이조년(李兆年)의 「다정가(多情歌)」다. 여기에서 등장하는 자규는 두견새일까, 소쩍새일까?

다음은 단종(端宗)이 지은 「자규시(子規詩)」이다. "한 맺힌 새가 한 번 궁중을 나온 뒤로 / 푸른 산속의 외톨이 신세라네 / 밤마다 잠을 청해도 잠은 오지 않고 / 해마다 한을 끝내려 해도 한은 끝나지 않네 / 두견이 소리 끊긴 새벽 멧부리에 달빛 밝고 / 피 뿌린 듯 봄 골짜기에 지는 꽃이 붉구나 / 하늘은 귀머거리인가 슬픈 이 하소연 듣지 못하는데 / 어찌 수심 많은 이 사람의 귀만 홀로 밝은가?" 과연 이 시에 등장하는 두견이는 두견새일까, 소쩍새일까?

이조년의 「다정가」에서 나오는 자규나 단종의 「자규시」의 두견이나 모두 소쩍새이다. 두견새는 뻐꾸기의 일종이라 '녹음에 헹군 울음'을 명랑하고 경쾌하게, 싱그럽고 구성지게 주로 낮에 노래한다면, 소쩍새는 올빼미를 닮은 놈으로 가슴에 사무치고 에는, 가엽고 애처로운 울음을 야밤에 울어댄다. 「다정가」와 「자규시」 모두 밤을 배경으로 읊은 것을 볼 때, 절대 두견이 소리를 듣고 저런 애련하고 서글픈 감정이 울어날 리 없다. 사전에는 두견이와 소쩍새를 뒤죽박죽 혼동하여 둘 다 두견이, 접동새, 귀촉도, 자규, 불여귀, 소쩍새로 섞어 적어 놨다.

이제 두견이와 소쩍새의 생태를 알아보자. 두견이(*Cuculus poliocephalus*)는 뻐꾸기목, 두견과의 중형 조류로, 두견이 말고도 우리나라를 찾는 두견과의 새들에는 검은등뻐꾸기·벙어리뻐꾸기·뻐꾸기·매사촌들이 있다. 두견이는 몸길이 약 28센티미터로 얼핏 보면 뻐꾸기를 빼닮았으나 몸집이 훨씬 작아 영어로 'little cuckoo'라 부른다. 맑고 경쾌한 뻐꾸기 울음에 비해서 두견이 소리는 매끄럽지 못하고 좀 둔탁한 편이지만, 수컷은 나뭇가지에서 날면서 "콧콧 쿄끼쿄쿄, 콧콧 쿄끼쿄쿄, 삐삐삐삐" 하고 재빠르고 멋들어지게 울어 댄다. 아무튼 쩌렁쩌렁 울리는 두견이 노랫소리는 결코 가엽고 슬프거나, 가련하고 애잔하지 않으며 되레 경쾌하고 상쾌한 기분까지 든다.

두견새는 4월경에 동남아시아에서 날아와 9월경에 남하하는 여름철새로, 한국·중국·일본 등지에서 번식하고, 대만·인

걸어 다니는 또 하나의 우주와 생명들

도·인도네시아 등지에서 겨울을 난다. 숲 속에 옹송그리고 앉아서 우는데, 워낙 경계심이 강해 쉽게 눈에 뜨이지 않는다. 두견과의 새들이 다 탁란조(托卵鳥)이듯 두견이도 천연덕스럽게 주로 휘파람새 둥지에 한 개의 알을 탁란(托卵)한다. 알은 아흐레나 열흘이면 부화되는데, 가짜 어미 새가 낳은 알보다 삼사일 일찍 부화하여 딴 알이나 새끼를 둥지 밖으로 밀어내고 독차지한다. 피 한 방울 안 섞인 교활한 딴 놈 자식을 품은 대리모는 억척스레 먹여 키운다.

다음은 소쩍새 이야기다. 소쩍새(*Otus scops*)는 몸길이 20센티미터 정도로 올빼미목, 올빼밋과의 새로 여기에 속한 새들 중에서 가장 작다. 우리나라에는 4월쯤에 날아와 10월까지 머무는 여름철새로 한국, 일본, 중국, 아무르, 우수리 강 유역에서 번식하고, 겨울엔 남하하여 중국 남부, 인도 등지에서 지낸다. 회갈색 바탕에 검정과 흰색의 얼룩무늬가 나 있어 침엽수의 수피(樹皮)와 비슷하게 위장하고, 사람 낌새를 채면 기겁하여 숨기에 역시나 관찰하기 어렵다.

몸길이 19~21센티미터, 날개를 편 길이는 47~54센티미터로 머리에는 귓바퀴를 닮은 작은 귀깃(우각羽角)이 있으며, 눈알 둘레는 노랗고, 넓은 날개를 서서히 움직여 소리를 내지 않는다. 야행성으로 매미, 메뚜기, 나방 등의 곤충이나 들쥐, 박쥐, 작은 새들을 잡는다. 다른 육식성 맹금들이 다 그렇듯이 먹은 것 중에서 소화가 안 된 털이나 뼈 같은 것은 나중에

소쩍새

이조년의 「다정가」나 단종의 「자규시」에서 나오는 자규와 두견이는 모두 두견새
가 아니라 소쩍새이다. 두견새는 밝고 경쾌한 소리로 주로 낮에 운다면 소쩍새는
애처로운 울음소리로 밤에 우는 것이 특징이다.

뭉치로 토해 버리는데 이것을 펠릿(pellet)이라 한다. 일부일처로 지내며, 5월에서 8월경에 고목에 저절로 생기거나 딱따구리 같은 다른 동물이 파 놓은 빈 구멍(구새통[1], tree hole) 둥지에 네댓 개의 흰색 알을 낳고, 암컷만 24~25일간 알을 품는다.

깜깜한 야밤에 "춋쵸, 춋쵸, 소쩍", "춋춋쵸, 춋춋쵸, 소쩍다, 소쩍다" 하고 운다. 저 멀리 야산에서 아련히 들려오는 피를 토하는 소리가 사람의 마음을 후벼 판다. 더군다나 우는 새의 입속이 핏빛처럼 붉어서 옛사람들은 피를 토하면서 죽을 때까지 운다고 믿었다.

오래전부터 소쩍새와 관련해서는 다음과 같은 구슬픈 전설이 전해 온다. 소화는 찌들게 가난한 집안에서 태어나 애면글면 엉세판[2]으로 살았지만 성격이 밝고 마음이 착한 소녀였다. 그녀가 열여섯 살이 되던 해 이윽고 부잣집에 시집을 간다. 시집온 첫날에 시어머니는 소화를 불러 놓고 "오늘부터 너는 우리 집 식구가 되었다. 밥을 많이 하면 찬밥이 생기니 꼭 한 번만 하도록 해라" 하면서 밥 짓는 요령부터 일러 주었다. "이건 시부모님 진지, 이건 서방님 진지, 이건 시누이 것", 소화는 지극한 정성으로 밥을 담았다. 그러나 늘 자기 먹을 것이

---

1 속이 썩어서 구멍이 생긴 통나무를 말한다.
2 매우 가난하고 궁한 것을 이르는 말.

없었다. 불쌍하고 한 많은 소화는 죽어서 한 마리 새가 되어, 솥이 적어 굶어 죽었다는 원망의 소리로 "솥적 솥적" 하고 울고 다녔기에 '솥적새'라 불렀다는 전설이다.

자고이래로 중국이나 우리나라의 문인 필객들이 읊은 가련한 비운의 새는 결단코 뻐꾸기 소리를 내는 두견이가 아니라 죄다 올빼미 사촌인 소쩍새였다. 오늘 밤도 가슴이 미어지게 한스럽고 애통한 소화의 목멘 귀곡성을 넋 놓고 하염없이 듣고 싶다. 그 소리가 소쩍새 수놈들이 텃세권을 알리는 소리라는 건 굳이 생각할 필요가 없으리라.

고양이 울음소리를 내는
금실 좋은 새, 괭이갈매기

바다 하면 언뜻 바닷새 갈매기가 떠오른다. 그런데 갈매기는 철새라는 의미에서 일정한 거주지가 없는 동물로도 인식되었다. 그러나 "까막까치도 집이 있다"고 하듯 "갈매기도 제 집이 있다"란 사람은 누구나 자기의 거처가 있다는 뜻이다. 또 갈매기는 리처드 바크(Richard Bach)의 『갈매기의 꿈(Jonathan Livingston Seagull)』에 "가장 높이 나는 새가 가장 멀리 본다(The gull sees farthest who flies highest)"는 말로도 유명하다. 물론 낮게 나는 새는 매우 자세히 보겠지.

한데 부산 구덕야구장에도 가수 문성재 씨의 「부산 갈매기」가 난다. "지금은 그 어디서 내 생각 잊었는가 / 꽃처럼 어여쁜 그 이름도 고왔던 순이 순이야 / (……) / 부산 갈매기 부산 갈매기 / 너는 정녕 나를 잊었나." 또 황금심 씨의 옛날 노래 「해조곡(海鳥曲)」도 있다. "갈매기 바다 위에 날지 말아요 / (……) / 저 멀리 수평선에 흰 돛대 하나 / 오늘도 아~ 가신 님은 아니 오시네." 언제 노래방에 가면 한 곡조 뽑아 봐야지.

우리나라에는 이 글의 주인공인 괭이갈매기를 비롯하여 북극도둑갈매기, 갈매기, 재갈매기, 줄무늬노랑발갈매기, 흰갈매기, 붉은부리갈매기, 제비갈매기, 붉은부리큰제비갈매기 등이 서식하고 있다. 그런데 이중에서 '붉은부리큰제비갈매기'의 이름이 유달리 길게 무려 열 자나 되면서 또박또박 붙여 쓰고 있다. 붉은, 부리, 큰, 제비, 갈매기로 떼어 썼으면 싶은데 말이지. 언젠가도 말했지만 우리말 이름은 아무리 길어도 붙여 쓰기로 약속한 탓이다. 정해진 약속은 꼭 지켜야 한다.

그리고 갈매기를 한자로는 鷗(구), 白鷗(백구), 海鷗(해구)라 하며, 우리말로는 갈며기, 갈머기, 갈막이, 해고양이라고 불렀다. 우리나라의 갈매기 가운데 6종은 겨울철새, 1종은 여름철새, 나머지는 잠시 통과하는 나그네새(통과조通過鳥, bird of passage)이거나 길 잃은 새(미조迷鳥, vagrant)이고, 괭이갈매기 1종만이 토박이 텃새이다.

갈매기들은 체장 45센티미터 내외인 중형 조류로, 전체적으로 보아 머리와 몸집 아래는 흰색, 등과 날개 위쪽은 청회색이다. 이것도 앞서 청어 편에서 이야기했던 방어피음이라 볼 수 있다.

갈매기는 전 세계에 약 86종이 있으며, 모조리 됨됨이가 비슷비슷하여서 머리에 검은 반점이 있고, 부리와 다리는 가늘고, 눈은 큰 편으로 검다. 해안, 항만, 하구뿐만 아니라 심지어 내륙의 민물 하천에도 나타난다. 해안 앞바다 바위섬에서 번식하고 어류와 해산 연체동물, 갑각류들을 먹는다.

괭이갈매기(*Larus crassirostris*)에 대해 한번 알아보자. 이들은 동아시아(한국, 일본, 중국, 대만, 사할린) 특산종으로 몸길이는 약 47센티미터이고, 편 날개 길이는 120센티미터로, 우리나라 해안가 어디에서나 볼 수 있다. 깃은 암컷과 수컷 모두 등과 날개 위는 어두운 회색(잿빛)이고, 그 밖의 깃털은 흰색이며, 부리 끝에 검은색 띠가 있어서 'black-tailed gull'이라 불린다. 다리와 부리는 황록색이고, 부리 제일 끝자리는 붉은색의 얼룩점이 있다.

버려진 고기를 먹기 위해 포구나 고깃배에 떼 지어 모여들며, 유람선을 넘실넘실, 쫄쫄 따라다니면서 던져 주는 과자를 약삭빠르게 백발백중 척척 채서 꿀까닥 삼키는 꼴이 적이 놀랍다. 또 조개를 잡으면 공중에서 떨어뜨려 야문 껍데기를 깨어 먹을 정도로 머리가 좋고 영리한 새다. '꽈아오, 꽈아오', '꽉꽉' 내지르는 그 울음소리가 고양이(괭이) 소리를 닮았다고 하여 '괭이갈매기'란 이름이 붙었다.

괭이갈매기는 오밀조밀 집단으로 번식하며, 번식 기간은 4월 하순에서 6월 중순까지인데, 이때는 수천, 수만 마리가 떼를 이룬다. 일부일처로 일평생 단짝 부부가 함께 지내고, 산란기에는 암컷이 몸을 쪼그리고선 수컷에게 먹이를 받아 먹는 특이한 구애 행동도 한다. 인적이 드문 무인도나 섬의 바위가 많은 암초 지대, 풀밭의 움푹 파인 곳에다 둥지를 짓고, 알자리에는 마른 풀이나 잡초, 깃털을 깐다. 흐린 녹갈색 바탕에 흑갈색의 얼룩무늬가 있는 알을 보통 2~4개 낳는데, 귀소성이 매우 강해 해마다 거르지 않고 같은 장소에다 산란한다. 포란 기간은 24~25일이고, 암수가 번갈아 품는다. 번식지에 적이 가까이 나타나는 날에는 이내 낌새를 채고는 내처 눈알을 부라리며 일제히 날아올라 날카로운 소리를 꽥꽥 지르거나 느닷없이 똥물을 마구 날리면서 벼락같이 달려들기에 침입자는 식겁하고 줄행랑을 치기 일쑤이다.

이들은 물고기 떼가 있는 곳에는 귀신같이 알고 모여들어, 예로부터 어부들이 어장을 찾는 데 도움을 주었기에 어민들의 사랑을 톡톡히 받았다. 먹이는 물고기, 게, 해초, 음식 찌꺼기, 동물 시체 등이고, 짠 것을 먹기에 두 눈 위에 염분 분비샘이 있어 콧구멍을 통해 고농도의 염분을 몸 밖으로 내보내 염분 대사 조절을 한다. 우리나라에서는 동해안의 독도, 남해안의 통영 앞바다, 안흥 앞바다의 난도 등지에서 집단으로 번식하기에 보호 구역으로 지정, 보호한다.

혹독하게 추운 날에도 바닷가의 갈매기들은 씽씽, 훨훨 잘도 난다.

얼굴은 대장의 거울?
내장 세균

○

　미국에서 발간하는 과학 잡지, 『사이언티픽 아메리칸(Scientific American)』에서 나오는 '마인드(Mind)'의 2012년 8월호에 "당신 내장에 든 미생물이 당신의 생각과 기분을 좌우한다!"라는 기사가 눈길을 끈다. 자연계에서 기생충이 숙주의 행동에 영향을 미치는 예는 다 들 수 없을 만큼 허다하다. 잘 알려진 대로, 쥐에 원생동물인 톡소포자충(*Toxoplasma gondii*)이 기생하면 쥐가 고양이를 겁내지 않게 되는 불행한 일이 생긴다. 또 기생곰팡이 무리의 하나인 동충하초균(*Cordyceps spp.*)들은 개미 뇌에 기생하여 개미를 억지로 푸나무 꼭대기로 기어오르게끔 시켜 죽게 만들고는 그 개미에서 버섯(동충하초vegetable worms)을 불쑥 솟게 한다. 죄다 원생동물이나 곰팡이가 자손을 널리, 수없이 퍼뜨리겠다는 수단이렷다. 이는 미친개의 침샘에 든 광견병바이러스가 개로 하여금 마구 다른 동물을 물게 하여 바이러스를 퍼뜨리려 드는 것과 다르지 않다.

어디 그뿐인가. 비유가 좀 뭣하지만, 아기 궁전(자궁) 속의 태아(기생충)가 석 달 넘게 엄마(숙주)가 음식을 먹지 못하게 하는 입덧 또한 그렇다. 엄마가 게걸스럽게 이것저것 마구 먹으면 거기에 묻어 드는 세균, 바이러스와 그것들의 독은 말할 것도 없고 농약, 제초제 등의 화학 물질이 넘쳐 나게 되기에 영리한 태아가 모체에 호르몬 변화를 일으켜 먹는 것을 꺼리게 한다. 하여, 입덧이 심하면 심할수록 건강한 아이를 낳는 법이다!

이렇듯 미생물들이 숙주(임자몸)의 행동을 조절하듯 우리의 창자에 사는 미생물들도 큰 힘을 발휘한다고 한다. 물론 인체에 깃든 창자의 미생물은 세균이 주이지만 바이러스나 곰팡이(균류), 원생동물의 짬뽕으로 이들은 거의가 공생체이지 결코 기생충일 수 없다. 이들이 건강에 매우 귀중하다는 것은 오래전에 알려졌지만 근래에는 이것들이 만들어 내는 물질 중에 호르몬이나 신경전달물질(neurotransmitter)을 닮은 것이 있다는 사실이 밝혀졌다. 이런 물질들이 신경에 영향을 미쳐 화를 내거나 스트레스를 유발하기도 하고, 사람의 기분이나 정서뿐만 아니라 성격까지도 바꿔 놓는다는 사실이 알려지기 시작한 것이다. 물론 개인적으로 차이가 있지만, 내장 세균들은 뇌의 유전인자를 변형시켜서 여러 가지에 영향을 미치는 것으로 알려져 있다.

그래서 분명 인간이나 동물의 건강과 성장을 촉진시키기 위해 일부러 먹고, 먹이는 살아 있는 미생물인 '생균제(生菌劑, probiotics)'는 건강을 보살필뿐더러 기분 전환, 심리·정신병 치료, 성장기의 면역 생성에도 관여한다고 알려져 있다. 어린 아이가 세 살이 되면 이미 성인과 마찬가지로 족히 500여 종의 미생물(30~40종이 대부분을 차지함)이 내장에 서식하고, 그 중에서 비피더스균들(*Bifidobacterium* spp.)이나 젖산간균들(*Lactobacillus* spp.)이 가장 잘 알려진 공생 동무들이다. 가히 천문학적인 사람 체세포와 맞먹는, 무려 100조 개의 내장 미생물이 천생연분으로 화기애애하게 우리 내장에 지천으로 살고 있는데, 사람마다 구성 비율은 좀 다르다. 이것은 일란성 쌍둥이가 그 짜임이 비슷하다는 것을 보면 분명 유전인자가 그것을 결정한다는 것을 암시한다. 신기한지고! 사람마다 손가락에 사는 세균도 달라서 컴퓨터 키보드에 묻은 것들도 차이가 난다! 다시 말하지만 여러 학명(속명)들 뒤에 쓰여 있는 spp.는 종명(specific name)을 모르는 것이 여럿이란 뜻이다.

사람에 따라 먹는 음식이나 약(특히 항생제는 내장 세균을 씨도 남기지 않고 팍 죽인다), 그 외의 여러 요인들이 내장 세균 생태계(gut bacteria ecosystem)를 판이하게 다르게 하며, 이 차이가 건강의 지표가 되고, 나아가 한 사람의 마음 상태까지 결정하게 된다. 다시 말하면 창자벽에 퍼져 있는 신경세포와 뇌세포가 서로 긴밀하게 연결되어 있기에 장벽의 신경을 '제2의 뇌'

라 부르기도 하며 때문에 정신(뇌)이 장 세균들의 영향을 받는다는 사실을 가볍게 여길 수 없다는 말이다. 몸(장)이 건실해야 정신(뇌)이 밝고 맑으며 정신이 튼튼해야 내장이 튼실한 것이다. 강건한 몸에서 건필(健筆)도 나오는 법이다.

부언하면, 보통 쥐와 내장에 미생물이 없는 쥐를 비교했더니만 후자의 핏속에 훨씬 많은 스트레스 호르몬이 흐른다는 연구 결과도 있다. 뿐만 아니라 여러 방법으로 내장 미생물들이 기억과 학습에도 영향을 미친다는 것도 확인되었다. 어디 그뿐이겠는가. 얼굴의 여드름 하나에도 우울, 불안 따위에 영향을 받으니 곧 '장-뇌-피부 축(gut-brain-skin axis)'이란 개념이 그것이다. 다시 말해서 얼굴에 뾰두라지(뾰루지)가 생기면 대장을 의심해야 한다. 어허, 얼굴은 대장의 거울? 그래서 이때 요구르트나 유산균 제제 같은 생균제를 먹으라는 처방이 나오게 된 것이다. 앞으로는 살갗에 바르는 '생균 연고제'가 개발될 예정이라 한다. 어떤 세상이 오는지 오래 살고 볼 일이다.

내장 세균이 이렇게 건강에 유리하듯이 피부 세균도 그러하니 께끄름하고[1] 불결한 놈이라 등한히 여겨 비누로 싹싹 씻어 버리거나 수건으로 빡빡 문지르지 말지어다. 미련하고 추접스런 필자는 비누 세수한 지 오래고, 때수건으로 몸을 문질

---

1 께적지근하고 꺼림하여 마음이 내키지 않는다는 뜻.

러 본 것도 옛일이 되었도다. 더할 나위 없이 고마운 얼굴이나 살갗 세균을 어찌 함부로 다룬단 말인가? 여기까지 이야기한 내용들이 아직 사람에게서 100퍼센트 확실히 밝혀진 것은 아니라고 하지만 딴 동물 실험을 통해 뚜렷이 밝혀지고 있다고 한다. 고맙기 그지없는 내 몸 안팎의 미생물들, 세상엔 독불장군이 없다는 것을 일깨워 주는군!

소장에 자리 잡으면 7미터까지 자라는
발칙한 놈, 촌충

○

　옛날 우리 소싯적엔 참 찢어지게 억판[1]으로 살았고, 배고픈 주제에 회충, 요충, 십이지장충, 편충, 촌충, 디스토마(흡충)까지 처치 곤란할 정도로 들끓었으니 탈도 많으며, 어김없이 한 사람 몸에 여러 종류의 기생충이 들어 부대끼고 들볶여 깡마르기 일쑤였다. 말 그대로 설상가상이요, 엎친 데 덮친 격으로 죽을 맛이었다. 한데 작금에는 기생충이 온데간데없이 씨가 말라 '기생충 보호'를 외칠 정도로 줄었지만, 후진국에서는 아직도 마찬가지로 기생충들이 설친다. 기생충 보호라 하니, 문득 대학 때 기생충학 수업 시간이 번쩍 떠오른다! 고인이 되신 이주식 선생님께서 "자네들 중에 혹시 촌충을 가진 사람이 있으면 가만히 그대로 두시게나. 머잖아 우리나라에서 유일한 촌충 보유자로 박물관에서 모시게 될 터이니 말일세" 하

---

[1] 매우 가난한 처지를 말한다.

고 말씀하신 적이 있다. 절대 허튼소리가 아니다. 번득이는 선생님의 선견지명이라니! 선생님은 가셔도 그 어른의 말씀은 이렇게 남는구나! 그런가 하면 기생충을 전공하는 사람들 중에는 일부러 기생충을 뱃속에 키우는 사람도 있다. 스스로 촌충의 먹잇감이 되면서까지 정작 낯섦을 두려워하지 않고 이토록 연구에 몰두하는 분들은 존경받아 마땅하다.

일부 심하게 과체중인 사람들은 '지방을 줄이기 위해' 최후의 수단으로 뜬금없이 촌충을 부려 먹는 '촌충식이요법'을 하기도 한다. 멕시코 같은 나라(대부분의 나라에선 위법이다)에서는 촌충의 유충인 낭미충(囊尾蟲, cysticercus)을 일부러 먹어 소화나 양분 흡수에 지장을 주고, 또 양분을 아귀처럼 빨아 체중을 줄인다고 한다. 얼핏 생각하면 혹여 밥통(위)을 잘라 내거나 묶는 것보다 낫지 않을까도 싶다.

촌충(tapeworm)은 디스토마와 함께 몸이 납작한 편형동물로 '조충(條蟲)'이라고도 부른다. 사람에 감염되는 촌충에는 쇠고기 육회를 날것으로 먹어 걸리는 '민촌충', 돼지고기를 덜 익혀 먹어 생기는 '갈고리촌충', 생선회 탓에 걸리는 '긴 촌충', 뱀이나 개구리를 생식한 까닭에 걸리는 '만손열두촌충'들이 있다. 참, 한때 우리 어머니도 촌충에 걸렸었지. 약이 없는 때라 궁상맞고(?), 용감하게도(?) 휘발유와 탄알 속에 든 탄약을 함께 욱여넣으셨다. 지금은 다행히도 프라지콴텔(Praziquantel)이란 특효약이 있다. 늘 애처롭게 마음에 걸리

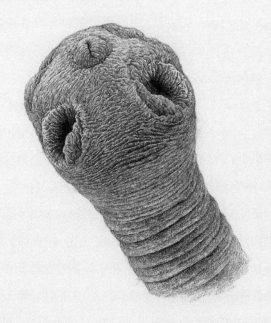

촌충(머리 부분 확대)

촌충은 한번 소장 윗부분에 자리를 잡으면 길차게 자라나 창자 길이에 맞먹는 7미터까지도 자랄 수 있다. 자웅동체인 촌충은 몸 전체로 양분을 흡수하면서 마디 하나마다 난소와 정소가 모두 들어 있다. 소화기관은 턱없이 퇴화하고 생식기관은 더없이 발달한 것이 촌충이다.

는 일이지만 그때는 다 그랬으니 어쩔 수 없었다. 암튼 기름과 화약도 구충제로 효과가 있었던지 통시(뒷간)에 촌충 한 무더기가 수북이 널브러져 꿈틀거리고 있었으니 희뿌연 색깔과 길쭉하고 납작한 그 모양새가 영판 칼국수였다. 그런데 내 강의를 듣는 학생들 중에서 누군가 이 이야기를 듣고 얼마간 칼국수를 먹지 못했다고 한다. 미안한 일이다.

  '민촌충(*Taenia saginata*, beef tapeworm)'에 관해서도 한번 알아보자. 머리는 사각형으로 지름 1.5~2밀리미터이며, 머리마디에 4개의 강력한 흡반이 있지만 갈고리는 없어서 민촌충(무구조충無鉤條蟲)이라 한다. 어쨌거나 촌충의 알이 든 대변을 풀밭이나 남새밭에 뿌리면 거기에서 알이 까여 두껍고 딱딱한 껍데기를 가진 육구유충(六鉤幼蟲, onchosphere)이 되고, 이것이 붙은 풀을 소가 뜯어먹어 창자에 들어가 껍질이 창자액에 녹으면서 애벌레 낭미충이 되며, 이 유충이 혈관을 타고 가 소의 근육에 박히는 것이 간단하게 본 민촌충의 한살이(생활사)다. 드디어 최종(종결)숙주인 사람 몸에 낭미충(앞의 과체중인 사람들이 먹었던)이 들어와 소장 상부에 붙고 나면, 민촌충은 25년을 너끈히 산다고 한다. 놈들 탓에 식욕 감퇴, 만성 소화 불량, 변비, 복통, 오심, 구토, 설사 등의 소화계 장애가 일어나고 불면, 체중 감소에 영양 결핍은 필수적이며 심지어 장 폐쇄까지 일으킨다. 그런데 어찌 녀석들이 우리의 강력한 소화효소에 선뜻 녹지 않고 버틴담? 다 살게 되어 있다고 하지 않는가. 겉껍질에서 산도(pH)를 조절하거나 항효소 (antienzyme) 물질을 분비하여 인체의 가수분해효소를 무력화 시킨단다. 참 별나고 용한 놈이로군!

쇠고기 속의 낭미충을 날로 먹으면 소장 윗부분에서 머리를 내밀어 장벽에 푹 대가리를 처박아 터를 잡고 대장에까지 잇따라 길차게[2] 자라나나니 그 길이가 창자 길이와 맞먹는 7미터에 달한다! 심지어 이 녀석들은 입도, 항문도, 소화관도 따로 없고 몸 전체가 양분을 흡수한다. 마디(편절片節)는 1,000~2,000여 개나 되고 매일 꼬박꼬박 성적(性的)으로 성숙한 6개가량의 체절(마디 하나하나가 촌충 한 마리이다)이 찬찬히 떨어져 대변과 함께 줄줄이 밀려나지만 따로 기어 나오는 수도 있다. 마디 하나(한 마리)의 길이는 16~20밀리미터에 너비(폭) 5~7밀리미터 정도이고, 거기에는 걷잡을 수 없이 많은 10,000여 개의 알이 들어찬다.

그런데 촌충은 자웅동체(암수한몸)로 마디 하나에 난소, 정소가 모두 들었고, 체절은 생식기관으로 꽉 찼다. 기생충은 어떤 것이나 소화기관은 턱없이 퇴화하고 생식기관은 더없이 발달한다. 그리도 갚잖은 주제에 자기 난자, 정자가 절대로 스스로 자가수정하지 않고 꼴에 다른 놈의 정자를 받아 타가수정한다. 이상야릇하게도 촌충까지도 딱히 근친교배를 꺼린다.

---

2 아주 알차게 길다는 뜻.

걸어 다니는 또 하나의 우주와 생명들

예방이 치료보다 중요한 것이니, 무엇보다 쇠고기를 날것으로 먹지 말 것이고, 소가 먹는 목초에 인분(촌충에 걸린 사람의 똥)을 주지 않아야 한다. 촌충의 감염 여부는 항문 근처에 스카치테이프를 붙여서 알을 찾거나 대변 검사로 알아낸다. 모름지기 자주 비누로 손을 씻고, 채소는 깨끗이 씻어 먹을 것이고, 생선이나 육류는 기필코 잘 익혀 먹는 것이 기생충 예방의 지름길이다.

화성인과 금성인만큼이나
서로 다른 존재, 남자와 여자

◯

남자는 냉장고에 약하고 여자는 길눈이 어둡다고 한다. 먼 옛날부터 오랜 세월 남자는 밥만 먹으면 멀리 가 사냥을 하고 는 집을 다시 찾아와야 했고, 여자는 집 가까운 곳에서 풀뿌리를 캐고, 나무 열매를 모으는 일을 하였기에 그렇다. 사실 집사람이 몇 날 며칠 나들이하면 곰국을 끓이고 냉장고에 여기저기 먹을 것을 수북이 쌓아 놓고 가지만 그것을 찾아 먹는 게 그리 쉽지 않은 일이다. 우리 집 냉동고에도 여러 해 전에 넣어 놓은, 몇 년은 먹어도 될 것들이 한가득 들었으니 집사람이 '수집하여 모아 둔' 것들이다. 남녀가 얼마나 다른가 하는 것을 실증적으로 보여 주는 일례다.

남녀의 차이는 근본적으로 염색체에 있다. 여자는 상염색체 44개에 성염색체 XX를, 남자는 여자와 마찬가지로 상염색체 44개에 성염색체 XY를 갖는 점이 여러 가지로 남녀를 천양지차로 만든다. 상염색체 44개 중에서 22개는 모계(maternal), 다른 22개는 부계(paternal)성임을 다 잘 알 것이다. 여성 성염색체 XX는 각각 양쪽 부모에서 하나씩 받은 것이고, XY의 X는 어머니 Y는 아버지에게서 받는다. 다시 말하면 난자와 정자는 모두 23개씩의 염색체를 가져서 그 둘이 합쳐 수정란이 되고, 그것이 난할, 분열하여 아들이나 딸이 되는데, 여기서 난자는 모두 22+X이지만 정자는 22+X와 22+Y 두 가지가 있어서 난자가 앞의 정자가 수정하면 44+XX로 딸이 되고 뒤의 정자와 만나면 44+XY로 아들이 된다. 암튼 이런 결과로 남녀의 성적인 역할, 호르몬계, 생식소, 생식기, 근육량 등에 다름이 생겨난다.

사실 남자로 태어난 것은 불행한 일이다. 여자는 임파구나 백혈구가 많고, 항체 형성 속도도 빨라 병에 잘 걸리지 않으며, 걸려도 빨리 낫는다. 오직 여성은 뼈엉성증(골다공증, osteoporosis)에 걸릴 확률이 높을 뿐이다. 그런가 하면 남자는 암에 걸리는 확률도 높으며 AIDS에도 더 잘 걸린다. X염색체는 Y염색체에 비해 길이만 따져도 3배가 넘으니 훨씬 많은 유전자를 담는다.

세계적으로 여자가 남자보다 장수하는 것도 이들 성염색체와 연관이 있어서, 여성은 XX로 한쪽의 것에 잘못이 있어도 다른 상동염색체가 보완하지만 남자는 XY라서 X에 문제가 생기면 단박에 병을 일으킨다. 그래서 X염색체와 관련 있는 색맹이나 혈우병도 남자가 많다. 남자는 사회 생활을 하느라

스트레스를 많이 받고, 전쟁이나 사고 따위 말고도 술이나 담배 때문에 단명하지만, 선진국에서는 남녀 수명의 차이가 점점 줄고 있다고 한다. 하지만 그 와중에도 술을 많이 마시는 러시아는 되레 역행한다는 말도 있다.

발생 근원은 같았으나 나중에 모양이나 기능에 큰 차이를 나타내는 것을 상동(homology)이라 하는데, 남자의 음낭과 여자의 음순, 남자의 고환과 여자의 난소, 남자의 음경과 여자의 음핵은 상동기관이다.

태아 발생 과정에 난소는 복강 안에 그대로 있지만 정소는 몸 밖으로 서서히 내려온다. 그런데 그렇게 하지 못하고 정소가 난소 있는 자리에 머무는 수가 더러 있으니 이를 잠복고환(undescended testis)이라 한다. 몸 밖의 정상 고환은 늘 체온보다 3~5도가 낮고, 그래야 정자가 정상으로 형성된다. 몸속의 잠복고환은 어린이일 때 일찍 수술하여 어서 끌어 내리지 않으면 정자 형성을 못해 불임이 된다. 무엇보다 근본적으로 여자는 남자가 갖지 못한 자궁을 가지며 반면 남자는 여자에게는 없는 전립선(prostate)이 있다.

남녀의 유전인자는 2~3만 개 가운데 0.1퍼센트가 다르다고 하지만 사실은 같은 것이 하나도 없다고 해도 지나친 말이 아니다. 그러니 '화성에서 온 남자', '금성에서 온 여자'란 말이 백 번 맞는 말이요, 크게 보아 정신적, 심리적, 생리적, 행동적인 차이는 이루 말할 수 없다. 수정란이 자궁에 착상하여

걸어 다니는 또 하나의 우주와 생명들

177

8주 후가 되면서 서로 비슷했던 남아, 여아가 점점 겉으로만 봐도 달라지니 이는 여성호르몬인 에스트로겐과 남성호르몬인 테스토스테론이 요술을 부린 덕분이다.

남자와 여자는 뇌도 서로 다르다. 남자의 뇌는 1,325그램으로 1,144그램인 여자보다 약 100그램 이상이 더 크고 무겁다. 분석적이며, 언어적인 활동을 할 때 남자는 주로 왼쪽 뇌를 사용하지만 여자는 양쪽 뇌를 동시에 사용하는 것으로 알려져 있다. 그리고 남자가 평균 15퍼센트쯤 더 무겁고, 키는 약 15센티미터 더 크며, 힘을 많이 써야 하기에 허리가 굵은데 비해 여자는 출산에 도움을 주기 위해 심장형인 엉덩이(골반)가 더 크고 둥글다. 반면 남자는 골반이 작아서 걷기를 잘한다.

또한 남자는 고밀도의 강한 뼈와 힘줄, 인대를 가지며, 툭튀어나온 갑상연골(thyroid cartilage)인 후골(Adam's Apple)을 가지는 탓에 큰 성대를 가져 소리가 굵고, 또 송곳니가 길다. 갈비뼈는 남녀 모두 12쌍이지만 남자가 일반적으로 기관, 기관지가 굵고, 같은 체중인 여자보다 폐활량이 56퍼센트 더 나간다. 남자가 심장이 클뿐더러 산소를 많이 필요로 하기에 적혈구가 세제곱밀리미터당 520만 개로 여자들의 460만 개보다 약 10퍼센트 더 많고, 따라서 헤모글로빈도 더 많다. 남자의 살갗은 여자보다 두꺼우며 기름기로 번질번질하다. 대신 여자는 살이 남자보다 더 따뜻하고, 체지방이 많고, 혈압이 낮으며, 냄새에 예민하고, 어휘력이 풍부하며, 통각점이 많아 아픔에 견디는 힘이 약하다.

일일이 다 쓰지는 못했지만 여기까지만 보더라도 육체적, 정신적으로 남녀가 너무 다르지 않은가. 그러니 남이 나와 같기를 바라지 말라! 부부 사이도 '서로 다름'을 인정하는 것이 행복의 지름길이다. 결혼을 하지 않으면, 자유로우나 외롭다 (Frei aber Einsam)! 젊은이들은 새겨들어야 할 말이다.

애꿎은 사마귀만 고생시키던 바이러스, 사마귀바이러스

○

요새도 몰라 그렇지 손, 발등에 더덕더덕 나는 티눈 닮은 그 못난이 사마귀(skin wart)가 있다고 한다. 통계를 보면 지난 5년간(2007~2011년) '사마귀바이러스' 환자가 16만 5천 명에서 29만 4천 명으로 연평균 15.4퍼센트씩 늘었고, 연령별로는 10대가 32.8퍼센트로 가장 많았으며, 이어 0~9세 20.7퍼센트, 20대 17퍼센트, 30대 11.3퍼센트 순이었다고 한다. 결국 20대 미만이 53.5퍼센트로 젊은 사람들이 많이 걸린다는 얘기다.

사마귀는 면역력이 약한 사람이나, 약해지기 쉬운 여름, 겨울에 쉽게 걸리며, 인유두종바이러스, 즉 사마귀바이러스(Human Papilloma Virus) 때문에 생긴다. 사마귀에 감염되면 피부나 점막의 표피에 세포 과다 증식이 일어나 1센티미터 미만의 오돌토돌한 구진(丘疹)이 덩그러니 솟는다. 피부 어느 부위에나 감염되지만, 외부로 노출되는 손, 발, 다리, 얼굴

등에 발생이 잦고, 성 접촉을 통해 성기에도 생긴다. 그래서 극히 전염성이 강한 사마귀를 예방하려면 바이러스와 접촉을 피해야 한다. 이것들은 모두 매우 딱딱한 것이, 살갗의 상처로 전염되고, 몇 달이 지나면 그냥저냥 사라지기도 하지만 몇 년을 두고 가는 수도 있으며 가끔은 재발하기도 한다. 한마디로 사마귀는 바이러스성이고 전염된다.

바이러스는 감염되는 숙주 세포에 따라 보통 동물성 바이러스·식물성 바이러스·세균성 바이러스(박테리오파지)로 크게 나눈다. 바이러스의 분류 기준은 (1)핵산의 종류(DNA 또는 RNA), (2)외각 단백질의 배열 상태, (3)겉껍질(외피)의 존재 유무, (4)외각 단백질의 수, (5)바이러스의 크기와 형태 등이다.

또한 임상 증세에 따라 (1)전신 질환을 일으키는 바이러스(천연두·홍역), (2)신경계에 질병을 일으키는 바이러스(일본뇌염), (3)호흡기 병을 일으키는 바이러스(인플루엔자·감기바이러스), (4)간 질환을 일으키는 바이러스(간염바이러스), (5)피부 및 결막 질환을 일으키는 바이러스(사마귀바이러스) 등등으로도 나뉜다. 이처럼 그놈의 바이러스가 지긋지긋하게 심술, 까탈을 부려 대니 이럴 때 용천지랄[1]한다고 한다.

사마귀바이러스에는 10여 가지 형태가 있다고 전해지는데 피부의 각질형성세포나 점액성 막에 감염하며, 보통 사람들

---

1 꼴사납게 마구 법석을 떨거나 하는 것을 이르는 말.

에게는 크게 문제가 되지 않으나 경우에 따라서는 여자의 자궁경부나 음부, 질 따위에 암을, 남자는 음경암이 생기는 수가 있다고 한다. 사마귀를 예사로 봤다가는 큰 코 다치는 수가 있다는 말씀이다.

사마귀 종류도 가지가지라, 살색을 하면서 보드랍고 편평하게 생긴 편평사마귀(flat wart)는 주로 어린이나 10대 아이들의 얼굴, 목, 손, 손목, 무릎에 자주 발생한다. 곰보빵이나 콜리플라워(cauliflower, 꽃양배추)처럼 생긴 사마귀는 주로 손에, 실낱같은 작은 사마귀는 얼굴이나 눈썹과 입술에, 생식기나 손발에 덩어리를 지우는 것들도 있다.

하지만 여기서 말하는 사마귀는 암을 일으키지 않는 비(非)암유발성이며, 단순히 피부가 자란 것으로 몸에 생기는 것은 전염성이 거의 없으나 생식기에 생기는 것은 아주 전염성이 강하다고 한다. 그리고 발바닥의 것은 조직이 안으로 티눈처럼 자라 걸을 때 아프고, 손톱 밑에 생기는 것은 더욱 치료가 어렵다.

동서고금을 막론하고 미신 없는 세상은 없으매, 미국에서는 "토마토로 사마귀를 문지르고 그 토마토를 땅에 묻어 두어 썩으면 사마귀가 시나브로 낫는다"고 여겼다. 또 두꺼비에 살갗이 닿으면 사마귀가 생긴다고 믿었다. 두꺼비 피부에 다닥다닥, 우둘투둘한 사마귀 닮은 돌기가 많이 있어 그렇게 믿었던 모양인데, 알다시피 두꺼비를 억지로 만져도 절대로 사마귀는 생기지 않는다.

그럼 우리는 어쨌는가. 시도 때도 없이 마냥 꼴사납고 거추장스런 사마귀를 만지작거리며, 손톱으로 쥐어뜯고, 낫으로 자르며, 바늘로 야금야금 후벼 팠다. 그런가 하면 공교롭게도 이름이 같은 사마귀로 사마귀를 잡겠다고 일부러 밭 가에 가 사마귀 놈을 잡아 손등의 사마귀에다 주둥이를 들이대고는 우격다짐으로 "좋은 말할 때 어서, 이놈아" 하고 뜯어 먹게 으름장을 놓지 않았던가. 맹추, 멍청이가 따로 없다. 사마귀는 고분고분 피부에 난 딱딱한 사마귀를 오물오물, 차근차근 씹어 먹으니 성이 차진 않았지만, 그러고 나면 얼마 후에 저절로 사그라졌으니 곤충인 사마귀가 용하다고 입소문을 탔던 것이다. 하기는 그리 안 해도 자고 나면 금세 없어지기도 했다. 요사이는 백신으로 몸의 저항력을 키워 사마귀를 없애거나 얼리는 법, 레이저로 태우기, 적외선 등으로 치료한다.

사마귀와 티눈은 흡사해 보이지만 근본적으로 다르다. 사마귀는 바이러스성이어서 전염되지만 티눈은 피부 변형으로 전염성이 없으며 각질을 깎아 내도 출혈이 없다. 또 티눈은 중심핵이 보이지만 사마귀는 자르면 점점이 검은 점이 보이거나 뾰족뾰족 점상출혈(點狀出血)이 있을 뿐이다. 그리고 티눈은 손발이 기계적인 압박을 계속 받아 각질이 증식되어 원뿔 모양으로 단단하게 박힌 것으로 위에서 누르면 아프다. 굳은살(못)은 오랫동안 피부가 마구 눌리거나 마찰로 살갗의 일부가 두꺼워지는 것을 말하는데 티눈에 비해 비교적 크고(넓고) 중심핵이 없으며 통증이 거의 없다. 조직을 보호하기 위해 저절로 생기는 티눈이나 굳은살은 마찰이나 압력이 피부에 가해지지 않도록 하고, 발에 맞는 편안한 신발을 신어 압박을 줄이는 것이 도움이 된다.

카우치 포테이토에서
사람으로 변신하기, 대사증후군

◯

사사롭고 자잘한 뜬금없는 이야기인 줄 알지만 참고하기 바란다. 작년 연말에도 빼먹지 않고 종합 검진을 하였다. 한데 '혈(血)' 자가 붙는 혈압(최고 혈압 140), 혈당(122), 혈중 콜레스테롤(238)이 모두 높은, '대사증후군(metabolic syndrome)' 초기 증세니 두 달 후에 병원으로 오란다. 이거 야단났다. 환갑 뒤부터 풍우설상(風雨雪霜)을 무릅쓰고 꼬박 십수 년을 매일 산등성이를 한 시간 넘게 걸었건만……. 문제는 과체중이었다. 키 170센티미터(늙어 어느새 1센티미터가 줆)에 체중 75킬로그램이니 몸집이 좀 넘쳤던 것. '실컷 먹다가 배 터져 죽는 것'이 소원이었지만 이제 소원 풀이 했으니 에라 두둑한 군살을 빼자. 그냥 뒀다간 혈압·혈당 약을 먹게 생겼다.

담석 때문에 쓸개를 떼었고, 급성 췌장염을 앓은 전력도 있어(담관과 췌관은 한통속이다) 담석 녹이는 약을 먹는 주제꼴[1]이라 무엇보다 당뇨가 겁났다. 당뇨란 혈당을 낮추는 인슐린에 대한 몸의 반응이 감소하여 근육·지방세포가 포도당을 섭취하지 못하고, 이를 극복하고자 더욱 많은 인슐린이 분비되어 시나브로 만병의 뿌리가 되고 마는 무서운 병이다.

다짜고짜 먼저 고물 눈금 체중계를 내다 버리고는 디지털 체중계를 샀으며, 체중을 적을 수첩도 마련한다. 여전히 밭일하고, 꾸준히 한 시간 넘게 걸으며, 식량(食量)을 3분의 1 정도를 줄였고, 군것질을 절대 하지 않기로 작심했다. 아득바득 이를 악물고 애쓴 끝에, 한 달쯤 지나니 1킬로그램, 6개월 뒤에는 무려 5킬로그램이나 쑥 빠졌다. 톡톡히 재미를 본 것이다.

학교 보건소에 다시 들렸더니 혈압은 아래위 10씩 떨어지고, 콜레스테롤은 186, 혈당은 104란다! 미친 사람처럼 나도 모르게 만세를 부르고 있다. 고생 끝에 낙이 있다더니만……. 그런데 야밤 텔레비전의 음식 선전에 죽을 맛이다. 시장기가 돌면서 목줄이 잡아당겨지고 군침이 줄줄 나오니, 억지로 배를 움켜지고 꾹 참는다. 호랑이보다 무서운 것이 굶주림이다. 어쨌든 꾸준한 운동과 절식(節食), 주전부리하지 않은 것이 대사증후군을 날려버렸다. 무엇보다 몹쓸 군음식이 못된 군살 제조기였다. 밥때라서가 아니라 배가 고파 밥을 먹어야 한다.

그러면 운동은 어떤 점이 좋은가. 늘 구독해 오는 과학 잡지 『사이언티픽 아메리칸』 2013년 8월호에 난 내용 가운데

---

1 변변하지 못한 몰골이나 몸치장을 말함.

주요한 것을 몇 개만 소개해 본다. 운동은 심장 박동을 원활하게 하고, 혈압을 낮추며, 폐활량을 늘리고, 뼈를 단단하게 하며, 근육에 활력을 주고, 당뇨·암·낙상 골절을 예방하며, 면역력을 항진하고, 몸에 나쁜 LDL(low-density lipoprotein) 콜레스테롤을 줄이고 좋은 HDL(high-density lipoprotein) 콜레스테롤을 늘린다는 것은 다 아는 상식이다. 일언지하에 운동은 만병통치약이요, '돈으로 못 사는 건강'을 운동으로 산다. 건강이 재산보다 낫다(Good health is above wealth)!

운동은 무엇보다 정신을 맑게 하여 우울증이나 분노를 가라앉힌다. 운동은 결코 몸 운동만이 아니라 정신 운동인 셈이다. 운동을 하면 뇌에서 아편과 유사한 물질인 엔도르핀이 분비되어 극도의 행복감과 희열을 느끼게 된다. 그래서 운동은 중독성이 있어 필자도 365일 하루도 거르지 않고 걷고 뛰는데, 엔도르핀이 마냥 그렇게 시키니 운동에 매달리게 된다. 한마디로 운동은 버릇이요, 습관이다.

근데 바다에 사는 해마(sea horse)가 사람 머리에도 있다! 움직임은 장기 기억과 공간 개념, 감정적인 행동을 조절하는 해마(海馬, hippocampus)의 크기를 유지시키고, 그것을 구성하는 뉴런(신경세포)의 성장을 촉진한다. 성인이 되면 뇌신경 분열이 멈춘다고 했으나 실제로는 그렇지 않다. 한마디로 운동은 뇌의 노화(치매)를 예방한다.

걷기 같은 유산소 운동이나 아령, 역도 같은 근육 운동을 하면 인슐린 분비가 촉진되어 간, 이자, 골격근에 저장되어 있는 글리코겐을 포도당으로 분해하여 혈중·혈당 농도를 낮추니 운동은 당뇨 예방에도 으뜸이다.

운동은 글리코겐 말고도 지방을 분해하여 체중을 줄인다. 걷기 시작하여 20여 분이 지나면 간이나 근육의 포도당이 고갈되면서 지방 분해가 시작되는데 많은 지방산 중에서 특히 트리글리세리드(triglyceride) 지방산이 제일 먼저 분해(산화)된다.

운동은 적혈구의 수를 늘려 조직 세포에 산소 공급을 원활하게 하고, 그 근육에서 포도당이 산화하여 에너지를 내게 한다. 때문에 운동선수들은 보통 사람에 비해 폐활량도 높지만 적혈구(헤모글로빈의 양)도 훨씬 많다. 또 운동은 적혈구 말고도 체세포에까지도 영향을 미치니, '세포의 난로', '세포의 발전소'라 이르는 미토콘드리아 수를 증가시킨다. 숨쉬기로 들이마신 산소와 소화로 흡수된 뭇 양분은 세포에 들어 있는 수많은 미토콘드리아(간세포 하나에 2,000~3,000개가 들어 있다)에 들어가 산화되어 난로처럼 열을, 발전소같이 에너지를 낸다. 즉, 운동은 '난로'와 '발전소'를 늘려 양분을 팍팍 태워 준다.

묶어 말하면, 노상 소파에서 텔레비전이나 영화를 보며 포테이토칩을 먹으면서 뒹구는 '카우치 포테이토(couch potato)'가 되지 말아야 한다는 이야기다. 죽기 살기로 매일 60~90분간 열심히 몸을 움직이면 그렇지 않은 사람보다 평균 4.2년 더 장수한다. 그게 어디인가. 비흡연자가 흡연자에 비해 3.3년을 더 산다는 것에 비하면 상당한 효과라 하겠다. 과유불급(過猶不及)이라고, 운동도 과하면 아니함만 못하므로 '몸이 하라는 대로' 할 것이다. 결국 걸으면 살고 누우면 죽는다는 보생와사(步生臥死)라는 말이 우스갯소리가 아니다. 아무렴 꽃물 따기에 바쁜 부지런한 꿀벌은 아플 새가 없다.

생명을 유지시키는
소중한 밥줄의 놀라움, 식도

○

　병원에 이비인후과가 있으니 귀, 코, 인두, 후두를 전문으로 치료하는 곳이다. 목구멍에 있는 인두는 식도의 들목이고, 후두는 기관(숨길)의 어귀이다. 음식을 삼키면 입천장의 연구개(물렁입천장)는 음식이 코로 들어가는 것을 틀어막고, 동시에 후두 뚜껑인 후두개가 후두 입구를 딱 막아 버려 결국 음식은 오로지 식도로만 들게 된다. 때문에 음식을 넘길 때는 숨이 콱 막힌다. 숨을 쉬면서 침을 삼켜 보면 그 차이를 알 것이다. 그런데 고양이도 그렇듯이 젖먹이들은 인두가 높고, 앞으로(입 쪽으로) 밀려나 있어서 젖을 빨면서도 숨을 쉰다.

　결국 입안의 음식이 코로 나오지 못하게 연구개가, 숨관으로 들어가지 못하게 후두개가 막으면서 혀가 음식을 인두로 밀어 넣으니 이것이 '삼킴반사'이다. 그러나 음식이 코로 나오고 숨관으로 흘러 들어가는 일이 가끔 벌어지니 그것이 사레라는 것으로, 발작적으로 에취! 하면서 밥풀이 날고 콧물이

190

흐르는데 이것을 '숨관반사'라고 부른다. 이들 반사는 우리가 의식적으로 어떻게 하지 못하는(대뇌가 관여하지 않는) 무조건 반사다.

성인의 식도 지름은 얼추 2~3센티미터이고, 길이는 자그 마치 25~30센티미터이다. 홈통 모양으로 인두 끝에서 위장 으로 음식을 내려 보내는 구실을 하며, 숨관(기도)의 뒤편에 붙어 있어 손으로 만져 볼 수가 없다. 또 식도는 소위 말하는 '밥줄'인데, 직장을 잃어 살기 힘들어졌을 때 "밥줄이 끊어졌 다", "밥줄 떨어졌다" 하고 말하는 것은 나름 일리 있는 말인 셈이다.

밥줄은 3층으로 된 두꺼운 근육으로 생선 가시에 찔려 고생 을 하기도 하고, 잘못하여 입천장이 데일 정도의 뜨거운 음식 을 뱉지 못하고 식도로 넘기는 수도 있다. 다행히 그럴 때도 별 탈이 없는 것은 두꺼운 상피세포 덕인데 이는 데인 상피세 포가 재빠르게 재생한다는 말이다.

음식물의 종류에 따라 시차가 있지만 그것이 지나가는데 걸리는 시간은 대개 9초이고, 딱딱한 것은 5초, 액체 상태의 것은 1~2초 내외이다. 다시 말해서 식도는 깔때기 같아서 물 이나 우유, 주스 따위는 쭈르르 빠르게 통과하지만 어쩌다 딱 딱한 알사탕이나 알약이 넘어가면 아주 느리게 꾸물꾸물 내 려가는 것을 경험할 수 있다. 이는 지렁이의 운동과 같은 식 도 근육의 꿈틀 운동(연동운동)인 것으로, 물구나무를 서도 위

걸어 다니는 또 하나의 우주와 생명들

(胃) 쪽으로 이동한다.

식도는 다른 기관에 비해 쭉 곧고, 수축과 이완을 통해 음식물을 이동시키며, 확실히 구별하기는 어렵지만 세 곳에 잘록한 협착부가 있다. 위쪽 3분의 1은 가로무늬근(골격근)으로 이루어져 있고, 나머지는 민무늬근(내장근)으로 구성되어 있다. 식도는 쉽게 말해 엄지손가락 굵기 정도지만 음식물이 통과할 때는 상당히 확장되며, 음식물이 인두를 지나면 곧바로 식도 상부의 가로무늬근이 수축을 시작하고, 그 운동이 점차 민무늬근으로 파급되어 아래로 내려간다. 식도의 위와 아래 양끝에는 조임근(괄약근, sphincter)이 있어 꽉 죄어 묶어져 있다. 식도 아래 끝에 위치한 괄약근은 평상시에는 수축되어 닫혀 있으며, 음식물이 위장으로 들어갈 때는 쉽게 열리지만 위장의 내용물이 식도로 거꾸로 올라가는 것은 무슨 수를 써서라도 막으려 든다. 그런데 젖먹이 아이들은 아직 이 근육들이 발달하지 못한 상태라 젖을 한가득 먹은 다음 밥통의 공기를 빼느라 끄르륵 트림하면서 수시로 젖을 조금씩 토한다.

한데 모름지기 옛 어른들이 마른 밥을 들기 전에 물을 한 모금 마신다거나 김치 국물이나 국을 먼저 떠먹는지를 이제 나이 들어서야 알았다. 늙으면 식도의 미끈미끈한 점액도 말라빠지니 마지못해 벽에 물을 흠뻑 적신 다음에 음식을 넣으면 술술 잘 미끄러져 내려가기에 그러는 것이다. 필자의 은사이신 최기철 선생님께서도 아흔셋에 서울대 총장께서 초대한 음식점에서 만찬을 드시다가 갑자기 식도에 음식이 걸려 기도를 압박하여 질식사하셨다. 곁에는 의과대학 명예교수님들이 여럿 계셨지만 불가항력이었다고 한다. 그런가 하면 일본에서는 찹쌀떡을 먹다가 목이 막혀 죽는 사람이 쌨다고 한다. 하여 나이 들면 식도 문제도 헐후(歇后)하게[1] 보아 넘기지 말아야 한다.

음식을 먹은 다음에는 신트림이 나는 수도 있다. 이때에는 신 위액이 입으로 다시 나온다. 그리고 손가락을 목구멍에 넣어 일부러 토하는 일도 있다. 아무튼 이러면 식도 세포가 위액에 포함된 염산에 의해 손상을 입기 쉽다. 여러 원인으로 위액이 식도로 거슬러 흐르는 수가 있으니 열이 나고, 붓고, 심한 통증을 일으키는 역류성식도염인데, 가장 흔한 원인은 식도 아래쪽에 위치한 조임근이 기능을 제대로 못하는 경우이다. 사실 우리 집사람도 잇따라 자꾸 재발하는 이 병 때문에 이날 이때껏 혼쭐이 났었는데, 웬만큼 나았나 했더니만 들불 번지듯이 다른 병이 옮아 붙었다. 이름하여 세상에 듣도 보도 못한 식도이완불능증(achalasia)이란다. 밥을 먹다가 이상한 낌새에 움찔, 뭔가 걸린 것 같은 느낌이 든다면서 거위목을 하고는 물을 찾는다. 무척 답답해하다가 한참 지나면 한숨을 쉬면서 증세가 가라앉지만, 어쩌다가는 꽥! 음식을 토하

---

1 대수롭지 않게.

느라 진땀을 빼기도 한다. 세 번에 걸친 복잡한 검사 끝에 식도 근육이 잘 늘어나지 못하는 것은 물론이고 자주 경련을 하다 보니 식도 일부가 부어 조직이 두꺼워졌다고 한다. 바꿔 말하면 밥줄 구멍이 좁아져 밥이 잘 안 내려간다는 것이다. 안쓰럽기도 한데 하필이면 하고많은 기관 중에서 왜 식도란 말인가. 부아가 끓지만 어쩌리. 늙으면 '부부는 서로 간호사'라 한다지. 지당한 말씀이렷다.

생물이었다가 무생물이었다가
요리조리 변신의 귀재, 감기 바이러스

○

해마다 고뿔이 유행하는 철이 돌아온다. "남의 염병(장티푸스)이 제 고뿔만 못하다"고, 타인의 처지를 이해 못 하고 자기 본위로 사는 것이 인지상정이다. 아무튼 감기는 만병의 뿌리이니 조심해야 하지만, 그래도 한평생 보통 330번은 걸린다고 하니 어쩌리, 에누리 않고 말하지만, 고뿔의 주범인 바이러스를 쉽사리 죽일 수는 없으니 마구 약을 써선 맹세코 안 된다.

고백컨대 필자는 이날 이때껏 감기약을 먹어 본 적이 없다. 벌로[1] 하는 말이 아니며, 밑져 봐야 본전이니 따라 해 볼 것이다. 오롯이 약에 의존하는 것은 빈대 잡으려다 초가삼간 태우는 어이없는 꼴이다. 대개는 푹 좀 쉬다 보면 특별한 치료 없이도 시나브로 가뿐해지니, 일주일이면 항체가 생겨나기 때문이다. 마지못해 먹는 감기약엔 해열제, 소염진통제,

---

1 '건성으로'라는 뜻의 방언.

걸어 다니는 또 하나의 우주와 생명들

항생제가 들어 있어 병을 좀 경하게 넘기고 2차 세균 감염을 막자는 것이지 결코 감기 바이러스를 잡지는 못한다. 약치고 독 아닌 것이 없으니, 말해서 약 주고 병 주기다.

감기는 보통 200여 가지 이상의 서로 다른 바이러스가 일으킨다고 한다. 그중 30~50퍼센트가 리노바이러스(rhinovirus)이고, 10~15퍼센트가 코로나바이러스(coronavirus)이다. 여기서 리노(rhino)는 '코'란 뜻이고, 코로나(corona)는 모양이 개기일식 때 태양의 둘레에 보이는 빛살인 '코로나'를 빼 닮았기에 붙은 이름이다.

옛날에는 바이러스(virus)를 '비루스'라 읽었는데 요샌 '바이러스'다. 링겔(ringer)은 링거, 에네르기(energy)는 에너지, 엔찜(enzyme)은 엔자임으로 바꿔 부른다. 가만히 살펴보면 독일어에서 영어로 바뀐 것이다. 과학 용어도 확산한다. 확산(diffusion)이란 밀도가 높은 쪽에서 낮은 쪽으로 분자가 퍼지는 현상이 아닌가. 그새 미국의 과학 수준이 유럽보다 훨씬 높아졌다는 뜻이렷다.

바이러스는 세균(박테리아)보다 훨씬 작으며, 이리 보면 생물이고, 저리 보면 무생물인 요물단지다. 그런데 바이러스는 반드시 생물의 세포 속에 들어가야 득실득실 번식을 할 수 있으니, 자신은 아무것도 가진 것이 없는 허울뿐인 빈손이라 다른 생물 세포의 모든 것을 몽땅 써서 새끼치기를 하는 완전 기생체이다. 다시 말해서 바이러스는 번식하기에 생물이지만 세포 밖에 있으면 휴면 상태라 무생물이다. 생물도 아닌 것이, 또 무생물도 아닌 야마리[2] 까진 녀석이 어찌하여 사람을 이다지도 괴롭힌단 말인가.

바이러스는 가운데에 핵산이 들었고, 바깥은 단백질 껍질이며, 오직 이 두 물질로 되어 있기에 무생물이다. 그래서 바이러스를 세포란 말은 쓰지 않고 단순히 입자(particle)라 부른다. 바이러스는 그 입자 안에 들어 있는 핵산에 따라서 DNA 바이러스와 RNA 바이러스로 나뉘니, 헤르페스(herpes) 등 일부만 DNA 바이러스이고 거의 다 RNA 바이러스이며, 감기 바이러스도 RNA성이다. 속의 핵산 말고도 단백질인 겉껍질의 모양이나 크기 역시 바이러스를 분류하는 기준이 된다.

자, 그럼 감기 바이러스가 사람의 허파에 들어갔다고 치자. 녀석은 허파꽈리(폐포)에 달라붙어서 세포막에 구멍을 내고, 자신이 가지고 있는 핵산 RNA을 세포 안에 쏙 집어넣는다. RNA는 폐포 속의 핵산 물질과 단백질을 이용하여 원래와 똑같은 바이러스를 연거푸 만든 다음에 허파꽈리를 깨뜨리고 나온다. 이때 폐포들이 마구 죽어 나가니 몸에 열이 나고 폐렴 증상을 보인다.

한데 이 다친 세포를 보호하고 또 바이러스를 씻어내 버리기 위해서 점막에서 많은 점액을 분비하니 그것이 콧물이요

---

2 '얌통머리'와 같은 뜻으로 마음이 깨끗하고 부끄러움을 안다는 뜻의 '얌치'를 속되게 표현한 말.

가래다. 사실 우리 몸에서 분비하는 눈물이나 침, 콧물, 가래에는 라이소자임(lysozyme)이라는 다른 생물을 억제하거나 죽이는 물질이 섞여 있다. 하여 감기에 걸려 콧물을 흘리고 가래를 뱉는 것은 우리 몸을 보호하는 중요한 생리적 현상이니 절대로 귀찮고 성가시다 여길 일이 아니다.

감기 바이러스는 33~36도 근방에서 활발하며, 춥디 추운 극지방에서는 바이러스가 살지 못하기에 감기가 통 없다. 감기가 고통스러운 것은 콧물, 가래, 기침만이 아니다. 고열도 사람을 나근하게 맥을 못 추게 한다. 여태까지 안간힘을 다해 아득바득 세균이나 바이러스를 잡아먹던 백혈구들은 터무니없이 많은 바이러스가 인해전술로 들입다 세차게 쳐들어오니 도통 감당하기가 어려워진다. 그러나 호락호락 바이러스에 넘어 갈 백혈구가 아니다. 백혈구들이 파이로젠(pyrogen)이라는 발열 물질을 분비해서 체온을 한껏 올리게 하니 말이다.

이제 고열로 온몸이 펄펄 끓기 시작한다! 고온은 사람만 부대끼게 하고 곤죽 먹이는 것이 아니다. 깝신거리고³ 나부대던⁴ 세균이나 바이러스는 본디 열에 약하기 짝이 없는지라 드디어 야코죽어⁵ 비치적거리며 쩔쩔 맨다. 그래서 건강한 사람은 열에 너무 쫄지 말고, "이 요망한 병균 놈들 죽어 봐라" 하고 참

---

3 고개나 몸을 방정맞게 자꾸 조금 숙이는 것.
4 얌전히 있지 못하고 철없이 촐랑거리는 것을 말함.
5 '기죽다'를 속되게 이르는 말이다.

고 견디는 것이 상책이다. 그러나 유아나 어린이의 뇌세포는 특히 열에 아주 약해 다치기 쉬우므로 서둘러, 반드시 열을 잡아 줘야 한다.

감기 예방에는 손을 자주 씻는 것이 으뜸이다. 감기에 걸리는 것은 공기 감염과 접촉 감염이 반반이기에 하는 말이다. 어린아이들이 감기를 달고 사는 것은 손에 묻은 바이러스를 입으로 빨고, 손으로 눈을 비비고, 코를 쑤셔 대기 때문이다. 세수는 고뿔은 물론이고 눈병까지 내처 예방하니 말 그대로 일거양득이다.

우주 속의 작은 세균 생태계,
장내 세균

○

우리 몸은 안팎으로 복잡한 미생물 생태계를 이루니 피부, 입, 인두, 후두, 기관지, 생식기 어디에도 늘 미생물이 그득하고 우글거린다. 특히 내장에 자생 세균(native bacteria)이 많다. 사람 세포를 어림잡아 100조 개로 친다면 체내·체외에 진을 치고 있는 미생물(주로 세균임)이 체세포의 10배는 너끈히 넘을 것으로 추정한다. 내장 속의 혐기성 세균들을 실험실의 배양접시에서 키우기 어려워, 대신 그것들의 핵산(DNA, RNA)을 추출하여 공생 세균의 특성을 알아내며, 사람의 유전자가 20,000~25,000개라면 이들 세균들의 것은 총 3,300만 개나 된다고 한다. 아무튼 누가 뭐래도 이승은 미생물 세상이다!

또한 대변의 건조중량(dry weight)의 60퍼센트가 세균이라 한다. 사람의 내장에 500여 종이 넘는 세균들이 득실거리는데 이들 내장 세균을 통틀어 장관 내 세균(gut flora)이라 한다. 그중 30~40종이 99퍼센트를 차지하고, 그것의 99퍼센트는 혐기성 세균이며, 물론 일부 곰팡이, 원생동물, 고세균 (archaea)이 있지만 그것들의 기능은 거의 알려지지 않았다.

세균과 사람은 서로 거스를 수 없는, 없어서는 안 되는 죽이 맞는 공생 관계다. 이것들은 도통 사람이 소화하지 못하는 탄수화물을 발효시켜 일부 지방산을 흡수시켜 주고, 비타민 B나 비타민 K를 합성하며, 칼슘, 철, 마그네슘 같은 무기물의 흡수도 돕고, 담즙 대사에도 관여한다. 그리고 물 흡수에다 내장 벽의 세포 분열을 촉진하며, 떼 지어 해로운 효모나 세균을 물리친다. 유익한 것과 해로운 병원균이 팽팽하게 균형을 맞추면 내장이 튼튼한 것이다. 이들은 양분을 놓고 싸우고, 대장 상피에 붙기 위한 자리다툼도 한다. 허참, 그놈들 봐라. 사람이나 별 다르지 않네그려.

구체적으로 이들이 숙주(사람)에게 미치는 영향들을 보자. 무균 상태인 모체 자궁에 지내던 벌거숭이 태아는 출산과 동시에 어머니의 질이나 항문, 공기 중의 세균이 입이나 몸에 고루 묻을뿐더러, 모유를 먹으면서 세균들이 몸 안에 깃들기 시작하면서 드디어 '우주 속의 작은 세균 생태계'가 형성되기 시작한다.

하여 제왕절개 수술로 태어난 갓난쟁이들은 모체 세균과 접촉이 이뤄지지 못해 정상 분만한 태아에 비해 많은 뒤탈이 따른다. 태어나 제일 먼저 내장에 자리 잡은 세균에 따라 그 사람의 수명에까지 영향을 미친다는데, 제왕절개로 태어난

아이는 최소한 6개월이 지나야 내장 세균 무리가 제대로 자리를 잡는 반면 순산인 경우 1개월이면 완전히 터를 잡는다. 그 몇 달 차가 많은 영향을 미친다는 것은 불문가지이다.

그리고 아토피 피부염은 유해 세균을 물리칠 토박이 세균이 없어진 탓이라는 주장도 있다. 세균은 결코 고깝거나[1] 더러운 존재가 아니고 반드시 있어야 할 실체로, 정상 세균들이 병원성 세균을 유세 부리지 못하게 한다는 것이다. 그러므로 엔간하면 씨를 말리겠다고 야박하게 비누칠을 해 대거나 함부로 때를 세게 빡빡 미는 것은 피부 세균 생태계를 망가뜨리는 것임을 알자. 언필칭[2] 칠칠하지 못한 얼뜨기 숙주가 되지 말지어다.

내장 미생물은 면역에도 지대한 영향을 미치니, 정상 세균들이 내장 벽의 림프계를 자극하여 점액상피가 유해 세균 번식을 억제하고, 항체 형성으로 면역계를 건강하게 하여 알레르기 예방에도 관여하며, 면역계에 중요한 T세포(T-cell) 형성을 활발히 하여 건강한 몸을 유지하게 한다. 다른 예로, 비만 등으로 분비된 인슐린이 제 힘을 쓰지 못하게 되어 생기는 제1형 당뇨병도 세균 불균형 때문인 것으로 여겨진다. 쥐를 내장 미생물이 없는 조건에서 키웠더니만 정상으로 자라기 위

---

1 섭섭하고 야속해서 마음이 언짢다는 뜻.
2 '말을 할 때마다 이르기를'이란 뜻.

해 30퍼센트 이상의 칼로리가 필요했다고 한다. 이는 내장 세균들이 섬유소 등의 탄수화물을 분해하여 에너지를 얻는다는 것을 의미한다. 가리지 않고 음식을 고루고루 먹어 주면 숙주 몸에도 좋고 세균들도 흡족해하는 것이다!

어디 그뿐이랴. 위궤양을 일으키는 성가신 헬리코박터균 (*Helicobacter pylori*)이 어처구니없게도 위산을 조절하고, 또 위에서 나오며 밥 먹기 전에 증가하는, 뇌에 배고픔을 알리는 공복 호르몬인 그렐린(ghrelin)과 지방 세포에서 분비되는 식욕 억제 단백질인 렙틴(leptin)의 양을 조정한다. 이 세균이 없으면 이들 호르몬 조절을 못해 과체중이 된다. 어라, 이 '죽일 놈'들도 얼마만큼 있어야 하는구나. 쓸데없는 것은 애초에 만들지 않는다고 했지.

항상 항생제가 탈이다. 여러 병에는 불가결하지만 이는 붙박이 세균을 몽땅 사멸하므로 세균 구성을 변화시켜 앞에서 말한 여러 대사들이 정지되고, 설사가 나며, 유해 세균의 번식을 높인다. 특히 어린이들은 그 때문에 내장 세균 생태계가 파괴되어 지방 세포 과잉 생산으로 비만이 된다. 저런, 뚱보가 하찮은 세균의 평형이 흐트러진 탓이란다. 그럴 적엔 엉뚱하게 얼굴에 종기나 헌데까지 나니 그래서 피부는 대장 건강의 리트머스요, 거울이라 하는 것이다.

장내 유용 미생물의 생육이나 활성을 촉진하는 생균을 강박장애(obsessive compulsive disorder, OCD)나 주의력결핍 과

잉행동장애(attention deficit hyperactivity disorder, ADHD)인 사람에게 처방한다니 정신 건강에까지 미생물들이 작용을 미친다는 이야기이다. 만병통치약인 내 살 같은 장내 세균 만세! 구라[3]가 아니다. 장이 튼튼해야(대변이 좋아야) 몸이 튼튼한 것! 시시껄렁한 헛소리로 듣지 말 것이다.

---

3 '거짓말'을 속되게 표현한 말.

치아와 잇몸 건강의 파수꾼, 침과 침샘

○

    침에 얽힌 속담이나 익은말(관용구)도 심심찮게 많다. "입(술)에 침이나 바르지"란 속이 빤히 들여다보이게 뻔뻔하게 멀쩡한 거짓말을 하는 사람에게 그런 얕은 수작은 그만두라고 핀잔함을 이른다. 또 "침(을) 뱉다(아주 치사스럽게 생각하거나 더럽게 여겨 멸시함)", "침 발라 놓다(자기 소유임을 표시함)", "메기 침만큼(아주 적은 분량)", "누워서 침 뱉기/자기 낯에 침 뱉기(남을 해치려고 하다가 도리어 자기가 해를 입게 됨)", "웃는 낯에 침 뱉으랴(좋게 대하는 사람에게 나쁘게 대할 수 없음)" 등등 쌔고 쌨다.

    침은 침샘(타선唾腺, salivary gland)에서 분비되는 소화액으로, 하루에 분비되는 양은 보통 0.75~1.5리터 정도이지만 잠을 자는 동안에는 거의 분비하지 않는다. 사람의 침은 무색·무미·무취이나, 당단백질인 뮤신(mucin)을 함유하기 때문에 끈적끈적하다. 뮤신은 탄산칼슘이 주성분인 치석 생성을 방지한다. 또

걸어 다니는 또 하나의 우주와 생명들

한 침 1밀리리터(1세제곱센티미터)에 세포 800만 개와 얼추 5억 마리의 세균이 들었다고 한다. 그래서 범인을 잡을 적에 칫솔, 머리카락, 혈흔은 물론이고 가래나 침도 닥치는 대로 수거해서 세포의 DNA를 분석한다. 미라의 손톱 밑 핵산도 분석에 쓰이니 DNA가 여간해서는 변성하지 않는 탓이다. 옛날 어른들은 입맞춤을 접문(接吻)이라 했다는데 알고 보니 입맞춤이란 세포와 세균의 교환이 아닌가. 악수가 결국 세균, 바이러스 교환이듯이 말이지.

침은 음식을 먹지 않을 때도 소량씩 분비하여 입안을 촉촉이 적시다가 음식이나 먹는 날에는 신경 자극을 받아 갑자기 증가한다. 침의 약 99.5퍼센트는 수분이며, 나머지 0.5퍼센트 속에는 소화액을 포함하여 전해질, 점액, 당단백질, 효소들이 들어 있다. 다시 말해서 침에는 아밀라아제(amylase) 같은 녹말 분해 효소뿐만 아니라 면역글로불린 A(IgA), 락토페린(lactoferrin), 라이소자임(lysozyme), 페록시다아제(peroxidase) 같은 물질도 들어 있다. 또 침샘은 파로틴(parotin)이라는 호르몬을 분비하여 뼈나 이에 칼슘이 침착하는 것을 돕고, 호르몬 거스틴(gustin)은 미뢰(味蕾) 발생에 중요한 몫을 한다.

이들 중 아밀라아제는 녹말을 맥아당으로 분해하고, 타액 리파아제(salivary lipase)는 지방 분해를 시작하는 효소인데, 특히 갓난아이는 여태껏 이자(췌장)가 한창 발달 중에 있으므로 침샘에서 분비하는 이 효소가 무척이나 중요하다. 그리고 앞의 면역글로불린 A나 락토페린은 사람이나 젖소 초유에 많이 들었고, 항바이러스·항균성을 띤 물질이다. 이를 이용해 초유에서 뽑은 알약을 건강 보조 식품으로도 판다.

또 침 속의 라이소자임 효소는 눈물, 침, 콧물 등의 점액에 들어 있어 살균 작용을 하는데, 이것은 세포소 기관인 리소좀(lysosome)에서 분비하는 효소단백질(가수분해효소)로 세포 내 이물질, 노화 세포, 노폐물 따위를 분해하고 세균을 살균한다. 하여 필자는 아직도 살갗이 가렵거나 헌데가 생기면 침을 쓱 발라 둔다. 페니실린을 발견한 '플레밍의 콧물'도 있다. 무심코 흘린 콧물이 떨어진 곳에 세균이 자라지 못했는데 이것은 콧물 속의 라이소자임 때문이었던 것이다. 그리고 페록시다아제는 발암 물질인 활성산소를 제거한다.

침 분비의 주된 3개의 침샘 중에서, 턱밑샘(악하선顎下腺)에서 총 분비량의 70~75퍼센트를, 귀밑샘(이하선耳下腺)에서 20~25퍼센트, 혀밑샘(설하선舌下腺)에서는 아주 소량만 분비한다. 800~1,000개의 작은 침샘이 입천장, 볼, 잇몸 등 온 입안에 퍼져 있다.

또한 침은 음식을 삼키는 것을 돕고 입이 마르는 것을 예방한다. 구강건조증인 사람은 마른 음식이 입안에 들어가면 여기저기에 이내 달라붙어 버리며, 이런 사람은 밥을 먹을 적에도 연신 물을 마신다. 침은 충치, 잇몸 질환을 예방하고, 입안에 생기는 스리(음식을 먹다가 볼을 깨물어 생긴 상처)를 빨리 낫게 한다. 한마디로 침은 치아와 잇몸의 파수꾼이다!

침은 음식물의 맛과 냄새 등이 자율신경을 자극하면 반사적으로 분비된다. 타액 분비 중추는 연수(숨골)인데, 음식을 보거나, 냄새를 맡거나, 이야기를 듣는 것만으로도 군침이 도니 이는 대뇌에서 분비 중추에 자극이 전달된 때문이다. 이반 파블로프(Ivan Pavlov)는 개에게 먹이를 줄 때마다 종을 울리게 하여, 종소리를 듣고도 침을 분비하는 조건반사 실험을 하기도 했다.

한편 제비 무리는 집을 지을 때 끈적끈적한 풀 같은 침을 묻혀 진흙과 지푸라기를 단단하게 붙이고, 코브라나 독사는 독니에서 나오는 독액으로 먹잇감을 죽이며, 거미 따위는 침으로 줄을 만들어 집을 짓는다.

침샘에도 여러 병이 생기니 유행성이하선염, 타액선암 등이 있으며, 타액선암은 주로 이하선에서 생긴다고 한다. 고(故) 최인호 씨가 이 고약한 침샘암과 싸우다가 끝끝내 저승으로 가셨다. 그이 책이라면 다 따라 읽어 왔는데 말이지…….

울 엄마는 침 뱉으면 얼굴에 마른버짐이 생긴다고 걱정하셨지. 어릴 적엔 낯짝이 희뿌옇고 꺼칠꺼칠했으니 기름기(지방)가 부족해서 그랬던 것이다. 그리고 사랑방에서 새끼를 꼬거나 짚신을 삼을 적에도 손바닥에 침을 퉤퉤 받아야[1] 했다. 또 산에 가서 나무를 하거나 풀을 벨 때는 왼손에 침을 한가득 뱉고는 오른쪽 검지와 중지 두 손가락으로 내리쳐 침이 많이 튀는 쪽에 자리를 잡았다. 게다가 까마귀가 울어도 퉤, 퉤, 퉤 하고 뱉는 게 바로 침이렷다.

---

1 '뱉다'라는 뜻의 방언.

chapter

4

말없이 치열하게
살아가는 괴짜들

'새삼스러운'
기생식물의 한살이, 새삼

○

식물이면서 다른 식물에 빈대 붙어 천연덕스럽게 떵떵거리며 살아가는 별난 녀석이 있으니 새삼이나 실새삼 같은 완전 기생식물이 바로 그놈들이다. '새삼스럽게'라는 말이 어울리는 새삼(*Cuscuta japonica*)은 메꽃과에 속하는 한해살이 덩굴성 식물로 전 세계의 온대·열대 지방에 100~170종 남짓 있다. 우리나라에는 새삼, 실새삼(*Cuscuta australis*)이 있었으나 요즈음 미국실새삼(*Cuscuta pentagona*)이 들어와 아주 널리 퍼져 흔하게 본다고 한다. 보통 'dodder'라 부르는 이 식물을 서양에서는 마귀 창자, 마귀 머리털, 마귀 곱슬머리 따위로 부르며, 숙주식물을 오른쪽으로 감아 오른다(우권右券, dextral). 누르스름하거나 황갈색인 굵은 철사 꼴의 덩굴(줄기)이 다른 식물을 칭칭 휘감으며, 줄기 지름은 1.5밀리미터 정도로 흔히 자갈색 반점이 퍼져 있다. 나무에 기생뿌리를 박고 기생하면서도 일부 광합성을 하는 반기생식물인 겨우살이와는 다른 별종이다.

말없이 치열하게 살아가는 괴짜들

이들은 누가 봐도 정상적인 식물이 아니다. 다른 숙주식물에 찰싹 들러붙어 돌돌 사리고 올라가는 넝쿨식물로 이파리는 퇴화여 2밀리미터 정도의 비늘 꼴을 할 뿐이며 광합성을 하는 엽록소가 숫제 없다. 한데, 시치미 뚝 떼고 빌붙어 사는 주제에 하얀 작은 꽃을 8~10월에 이삭 모양으로 여러 개 모아 피우니 꽃식물(현화식물)이다. 꽃잎 5장, 수술 5개, 암술 1개, 암술머리가 2개인 종자식물로, 열매는 삭과(蒴果, 열매 속이 여러 칸으로 나뉘고 각 칸에 많은 씨가 든 것)이고, 종자는 지름 4밀리미터로 달걀 모양이다. 익으면 들깨만 한 흑갈색의 종자가 몇 개 나오니 토사자(兎絲子)라 부르며 약재로 쓰고, 무척 딱딱하며 흙 속에서 5~10년을 거뜬히 견딘다고 한다.

씨앗 발아는 다른 식물들의 것과 다르지 않아 처음엔 줄기와 뿌리가 모두 생긴다. 완전기생하기에 발아 후 5~10일 안에 녹색(숙주)식물을 만나지 못하면 바로 죽어 버리지만 임자식물을 만나 자리를 잡으면 이제까지 임시로 쓰던 뿌리를 서슴없이 냉큼 잘라 버리고 만다. 흥미진진한 녀석이 아닐 수 없다! 눈 가리고 술래잡기할 때 두 팔을 벌려 무작위로 들입다 더듬거리듯이 줄기차게 발버둥 치다가 드디어 옆에 있는 토마토 같은 숙주 식물의 줄기에 '손끝'이 간신히 닿았다 하면 단박에 덜미 잡힌 숙주식물 줄기를 내리 친친 감는다. 혹시나 할금할금 할겨[1] 본 건 아니었을까.

이젠 감은 줄기에서 생긴 현미경적인 가짜 뿌리(기생근,

새삼

여러 실험에서 새삼이 어쩌면 식물의 휘발성 화학 물질을 감지할지도 모른다는 연구 결과가 밝혀진 바 있다. 면봉에 토마토 줄기에서 뽑은 즙액을 묻혀 새삼 옆에다 세워 두면 새삼은 그쪽을 향해 성장한다.

haustoria)를 처맨 숙주식물의 줄기 관다발(유관속, 물관과 체관)에 틀어박아 양분과 물을 빼앗는다. 그런 주제에 꽃을 피우고 씨까지 맺는다니 이런 기찬 일이 어디 있담? 주로 칡이나 쑥, 자주개자리, 아마, 토끼풀, 토마토, 국화, 달리아, 담쟁이, 페튜니아들이 숙주이며, 이따금 얽힌 줄기가 투망 치듯 숙주를 마구 덮쳐 급기야 여지없이 말려 죽이는 수가 허다하다. 나쁜 놈.

근간 『사이언티픽 아메리칸』에 "식물이 냄새를 맡는다!"라는 제목으로 새삼의 생태를 다루고 있었다. 과연 식물끼리 서로 냄새 나는 휘발성 화학 물질을 분비하는 것일까? 연거푸 실험해 본 결과 새삼은 절대로 빈 화분이나 가짜 식물을 심은 화분 쪽으로 자라지 않고 반드시 토마토가 심어진 화분을 향해 줄기를 뻗었다. 새삼이 과연 토마토 냄새를 맡는 것일까? 그래서 밀폐된 새삼 화분과 역시 완전히 둘러싼 토마토 화분 사이에 작은 관을 이어 봤더니만 언제나 새삼은 토마토 냄새를 맡고 그쪽으로 자라더라는 것이다. 게다가 냄새가 자극이 될 것이라는 사실을 확인하기 위해 면봉에다 토마토 줄기에서 뽑은 즙액을 묻혀 새삼 옆에다 세워 뒀더니만 역시나 그쪽으로 성장하더란다. 또 왼쪽엔 새삼의 숙주식물이 아닌 밀(소맥) 화분을, 다른 쪽에는 토마토 화분을 놓아 두었더니만 역시 숙주식물인 토마토 쪽으로 굽어 가는 것을 관찰할 수 있었

---

1 눈동자를 옆으로 굴려 조금 못마땅하게 노려보는 것을 말함.

다고 한다. 도대체 푸나무도 낯을 가리는 것일까?

잎을 갉아 먹는 곤충이 달려들면 버드나무나 리마콩(lima bean)들이 화들짝, "놈들 쳐들어온다" 하고 딴 친구들에게 경고를 보낸다는 것은 이미 잘 알려진 사실이다. 버드나무도 마찬가지이다. 나방의 유충이 버드나무를 공격하면 가까이에 있는 버드나무에는 다른 나방의 유충이 얼씬도 하지 않으니, 벌레에 먹혀 상처 입은 나무가 성한 나무에게 "조심하라, 방어하라!" 하고 페로몬 물질을 공중으로 날린 덕분이다. 그러면 신호(연락)를 받은 쪽은 서둘러 나방 유충이 싫어하는 페놀(phenol)이나 타닌(tannin), 또는 유충의 성장을 억제하는 물질을 잎사귀에 듬뿍 만든다. 그런가 하면 곤충이 먹으러 달려들면 덜컥 잎이 축 처져 버려(말라비틀어져) 맛을 쭉 빼버리기도 한다는데, 뿌리나 잎줄기가 서로 닿지 않는데도 그런다. 지금껏 이렇게 뺀질나게 서로 냄새로 의사소통하는 식물엔 포플러, 단풍나무, 오리나무, 보리, 산쑥들이 있는 걸로 알려졌다. 하지만 사람들은 눈이 멀고 귀가 먹어 식물 세계를 속속들이 다 들여다보지는 못하므로 알려지지 않은 식물들이 더 있을 것이다.

또 다른 요즘 실험에서, 리마콩은 딱정벌레들이 달려들면 이른바 냄새를 내뿜는 것은 물론이고 꽃에다 딱정벌레를 잡아먹는 곤충이 좋아하는 꿀물을 담뿍 만든다고 한다. 이거 정말 어안이 벙벙하다. 어쩜 식물이? 냄새를 풍기는 것도 그렇지만 후각신경도 없으면서 냄새를 맡고 말귀도 알아듣는다니……. 이렇게 새삼도 통상 냄새를 맡고 숙주식물을 찾아낸다. 식물이라고 얕보지 말지어다.

우리 밭에 있는 노란 새삼은 미국실새삼이다. 콩이 수입되면서 같이 들어온 귀화식물이다. 새삼씨에는 칼슘, 마그네슘, 나트륨, 니켈, 라듐, 철, 아연, 망간, 구리 등 광물질과 당분, 알칼로이드, 기름, 비타민 B_1, 비타민 B_2 등이 들어 있다. 간과 신장을 보호하고, 눈을 밝게 하며, 뼈를 튼튼하게 하고 허리 힘을 세게 한다. 새삼의 덩굴과 씨는 당뇨병 치료에도 효과가 있다. 기생식물인 새삼이 놀라울 정도로 기력과 정력을 새롭게 하니 정말 '새삼스러운' 일이다.

탄생과 죽음을 함께하는
내나무, 오동나무

○

　중학교 1학년 국어 교과서에 수록되었던 '내나무'(이규태 지음, 1933~2006) 글의 일부다. "어릴 적에 즐겨 불렀던 동요에 나무타령이라는 것이 있다. 청명한식에 나무 심으러 가자 / 무슨 나무 심을래 / 십리 절반 오리나무 / 열의 갑절 스무나무 / 대낮에도 밤나무 / 방귀 끼어 뽕나무 / 오자마자 가래나무 / 깔고 앉아 구기자나무 / 거짓 없어 참나무 / 그렇다고 치자나무 / 칼로 베어 피나무 / 네 편 내 편 양편나무 / 입 맞추어 쪽나무 / 너하고 나하고 살구나무 / 이 나무 저 나무 내 밭두렁에 내나무 // (……) 그런데 식물도감을 찾아도 없는 내나무다. 딸을 낳으면 딸 몫으로 오동나무 몇 그루를 심고, 아들을 낳으면 선산에다 그 아이 몫으로 소나무와 잣나무를 심었다. 딸이 성장하여 시집갈 나이가 되고 혼례 치를 날을 받으면 십 수 년간 자란 이 내나무를 잘라 농짝이나 반닫이를 만들어 주었다. 아들의 경우, 내나무는 나무의 주인이 죽을 때까지 계속 자라게 둔다. 이 내나무는 본인의 관을 짜는데 사용되었다. 이처럼 내나무는 나의 탄생과 더불어 나와 숙명을 같이하고 죽을 때에는 더불어 묻히는 내나무다."

그렇다, '내나무'가 다름 아닌 오동나무요, 소나무와 잣나무렷다! 이규태 선생의 글을 따라 읽기 좋아했는데, '내나무' 글의 끝자락에서 새삼 선생의 '운명'을 느끼는 듯하여 안타깝기 그지없다. 이 글도 교과 과정 개편으로 명을 다했을 터다.

참오동나무(*Paulownia tomentosa*)는 일반적으로 산야에서 야생하지 않고 빈터나 정원에 심는다. 잎, 꽃잎, 꽃받침에 솜털이 촘촘히 밀생하고, 거기에는 샘털(선모)이 빽빽이 나 있어 늘 끈적거리는 점액이 칙칙 묻어나 꺼림칙하기에 누구나 참오동나무 만지기를 꺼린다. 그리고 참오동나무의 사촌인 오동나무(*Paulownia coreana*)는 한국 특산종으로 잎 뒷면에 다갈색 털이 없고 꽃잎 안쪽에 자줏빛이 도는 줄이 없어서 참오동나무와 구별한다. 한마디로 참오동나무와 오동나무는 큰 차이가 없어서 보통 사람들이 보면 그게 그거다!

현삼과(玄蔘科)의 참오동나무는 10~25미터 높이의 활엽교목으로, 라오스나 베트남이 원산지이다. 잎은 마주나기(대생 對生)하고 널따란 하트 모양이며, 가장자리가 밋밋하다. 또 양면에 성모(星毛, 여러 갈래로 갈라진 별 모양의 털)가 빽빽이 난다. 5월경에 커다란 연보라색 꽃이 지천으로 나무 가득 웅숭깊게 활짝 피어 있는 모습은 장관이다! 10월경이면 열매는 3~4센티미터로 달걀을 닮아 통통하고 똥그란 것이 여럿 덩어리를 지우며, 바싹 마르면 몽글몽글했던 풋것이 어느새 딸랑딸랑 딱따글거리며 두 조각으로 쪼개지는 삭과가 된다. 속이 여러 칸으로 나뉘고 그 안에 무지하게 많은 씨가 들어 있는데 씨앗은 날개를 가져 바람의 힘으로 멀리 퍼진다.

서양 사람들이 '공주 나무(princess tree)'라 부른다는 이 나무는 재목의 나뭇결이 아름답고, 재질이 부드러우며 습기와 불에 잘 견딘다. 또 가벼우면서도 마찰에 강하여 배배 뒤틀리거나 휘거나 트지 않아 책상, 장롱이나 반닫이 등을 만든다. 울림이 좋아 가야금, 거문고, 비파 등의 악기와 나막신도 만들고, 잎은 재래식 해우소에 따 넣어 냄새나 파리 구더기를 없앤다고 한다. 뿌리 나누기 또는 꺾꽂이를 하고, 종자로도 번식시키기며 어릴 때는 정말로 성장이 빨라 1년에 무려 3미터 정도로 거침없이 길게 죽죽 자란다고 한다.

참오동나무와 오동나무는 품새가 얼추 비슷하다 했지만, 그럼 벽오동과는 어떤 관계일까? 벽오동(碧梧桐, *Firmiana simplex*)에서 벽(碧)은 푸르다, 오(梧)와 동(桐)은 오동나무이므로, 한마디로 '푸른 오동'이란 뜻이다. 벽오동은 중국 원산으로 우리나라에서도 따스한 남부 지방에 주로 심고, 어린 나무 껍질이 청록색인 것이 이 나무의 가장 큰 특징이다. 그런데 오동나무와 벽오동은 영판 다른 나무다. 오동나무는 현삼과 식물이라면 벽오동은 벽오동과 식물로, 속(genus) 정도가 아

니라 그보다 한 단계 더 먼 과(family)가 다르다는 말이다. 벽
오동 잎은 넓은 난형으로 끝이 3~5개로 갈라지며 꽃은 단성
화이다. 반면 오동나무는 잎의 끝이 갈라지지 않고 꽃이 양성
화이다. 겉으로는 오동나무와 벽오동이 닮아 비슷한 이름이
붙었지만 생물학적으로 이래저래 사뭇 다른 나무이다!

　벽오동은 중국 사람들이 상상하는 봉황새와 관련 있는 나
무이다. 봉황새는 성질머리가 어마어마하게 까다로워 벽오동
이 아니면 깃들지 않고, 입이 하도 고급이라 대나무 열매(죽미
竹米)가 아니면 먹지를 않는다고 한다. 태평성대를 몽땅 몰고
온다는 어진 봉황은 꼬치꼬치 골라 캐서 벽오동에만 앉는다!
양금택목(良禽擇木)이라 했겠다. 새도 선뜻 좋은 나무를 가려
서 깃든다고 하니 친구를 사귀되 훌륭한 사람을 택할지어다!
나무 같은 친구 하나 가졌으면 좋겠다!

　봉황은 기린, 거북, 용과 함께 중국 신화에 나오는 상상의
새로, 사령(四靈)의 하나로 여겨지며, 수컷은 봉, 암컷은 황이
다. 봉황의 모습에 대해서는 문헌에 따라 조금씩 다르게 묘사
되어 있으나 모두 상서롭고 아름다운 새로 나타내고 있다. 가
슴은 기러기, 목은 뱀, 꼬리는 물고기, 이마는 새, 깃은 원앙
새, 무늬는 용, 등은 거북, 얼굴은 제비, 부리는 수탉과 같이
생겼다고 한다. 봉황은 우리나라에서도 중국과 비슷한 의미로
인식되어 왔었다. 오늘날 대통령의 문장 역시 봉황이다.

나무의 잎줄기와 뿌리 그물의 거울 보기, 식물의 생체량

○

맞다! 깊은 샘은 물이 마르지 않고, 뿌리 깊은 나무는 바람에 흔들리지 않는다. 뿌리는 뭐니 뭐니 해도 식물체를 땅에다 박아 바람에 넘어지지 않게 하고, 물과 무기양분을 흡수한다. 물이 부족한 곳에 사는 사막식물은 우리의 상상을 뛰어넘을 만큼 길고 많은 뿌리를 낸다. 일종의 적응인 것이다. 그래서 물이 많은 곳에 살거나 숫제 물속에 사는 수생식물은 뿌리가 없다시피 한다. 모든 생물은 험악한 환경에 처하면 그것을 벗어나기 위해 애써 변하니 그것이 진화이다! 하여 어려운 여건에서 공부하는 학생들에게 '당신은 진화 중'이라고 타이른다.

식물들의 뿌리는 가끔 우리를 놀라게 한다. 칼바람이 세차게 부는 한겨울에도 거르지 않고 걷고, 뜀박질하는 나의 산책길에 디딤돌처럼, 발을 놓기에 알맞게 울퉁불퉁 뱀 등처럼 드러누워 있는 송근(松根)을 살며시 밟으며 언제나 반갑게 맞아주는 친구인 소나무에게 중얼중얼 말을 건넨다. 솔뿌리는 아주 질기기에 그것으로 솔을 만들어 쓰기도 했다.

　언덕배기 산비탈을 호미나 곡괭이로 겉흙을 조금만 파 보라. 어디서 온 뿌리인지는 몰라도 철근, 철사 줄을 빽빽하게 얽어 짠 듯이 사방팔방으로 '뿌리 그물'이 퍼져 있으니 산을 온통 나무뿌리로 돌돌 말아 놓았다. 땅 위에 우뚝 서 있는 잎줄기와 땅속에 들어 있는 뿌리의 생체량(biomass)이 거의 맞먹는다고 하면 독자들은 선뜻 믿겠는가. 땅 위의 것을 모조리 잘라 모아 무게를 재고, 땅속의 뿌리를 송두리째 파서 들어내어 재 보면 둘의 무게가 엇비슷하다는 말이다. 나무 한 포기를 뽑아서 고대로 거꾸로 뒤집어 파묻은 것이 뿌리이다. 나무가 호수에 그림자를 드리우고 있을 때, '물속의 나무 그림자'가 그 나무의 뿌리에 해당한다는 말이다. 그래서 '식물의 뿌리는 숨겨진 반쪽'이라 불린다.

　그러나 모두 그런 것은 아니다. 식물 생태학자들은 '순수 과학'이란 이름으로 이런 일을 한다. 어디 보자. 1년생 식물들은 잎줄기가 뿌리에 비해 외려 발달하여 뿌리:줄기의 값이 0.1~0.2이고, 생장이 아주 빠른 나무는 0.2~0.5, 생육이 느린 극상(極相, climax) 상태의 나무들은 0.5~1.0의 값을 보인다고 한다. 여기서 0.5란 잎줄기가 뿌리의 배이고, 1.0이면 둘이 같다는 뜻이다. 앞에서 말한 '숨겨진 반쪽'이란 말이 꽤나 옳은 비유가 아닌가 싶다. 여기서 '극상'이란 숲이 아주 안정되어 더 이상 큰 변화가 없는 상태로 극상은 소나무 같은 '바늘잎나무'인 침엽수가 아닌 참나무 무리 같은 '넓은잎나무'인 활엽수이다. 나무가 많으면 사방공사를 할 필요가 없으며, 아름다운 경관에다 땔감과 재목, 열매까지 주고, 맑은 공기도 제공한다. 그런데 큰 나무 하나가 숲을 이루지는 못하는 법이다.

그리고 하나 더 덧붙이자. 커다란 플라스틱 화분에 용설란과 소철을 심은 적이 있었다. 분갈이를 하지 않고 여러 해 뒀더니만 어찌된 셈인지, 어처구니없는 일이 일어나고 말았다. 아니 끔찍하다는 말이 더 옳을 듯하다. 뿌리가 나무한테는 버겁기 그지없는 그 센 플라스틱을 서슴없이 쫙 갈라 찢어 놨다. 도대체 이토록 큰 힘이 어디서 나오는가? 그리고 그 틈새에 날름거리는 억센 뿌리가 끼어 있으니 기절초풍, 멀미가 날 지경이다. 도대체 저것들이 무슨 힘으로, 사람 모를 신통력을 부려 그 두껍고 야무진 화분에 금을 낸담?

힘이 장사인 뿌리는 용설란이나 소철만이 아니다. 다져진 흙 더께를 딥다 밀어젖히고 올라오는 씨앗들의 힘도 무시하지 못한다. 불가사의한 일을 해내는 푸나무들이다. 거목의 뿌리가 커 나가면서 땅을 들쑤셔 자칫 담장을 허물고 작은 집도 무너뜨린다고 하니 이런 낭패가 없다.

비단 힘만 센 것이 아니다. 커다란 아까시나무(보통 '아카시아나무'라 부르나 '아까시나무'가 옳다) 한 그루가 거침없이 500미터 멀리까지 뿌리를 뻗는다고 한다. 그래도 그렇지, 어떻게 다져진 흙바닥을 뚫고 그 멀리 물을 찾아, 거름을 만나러 간단 말인가?

더 놀라운 자료도 찾았다. 꼼꼼히 재 보니 세상에 14주 된 한 포기의 옥수수 뿌리가 깊이 6미터를 파고들었고, 뿌리가 뻗은 둘레의 반지름이 5미터가 넘었다고 한다. 또한 다 자란 호밀 한 포기의 뿌리를 샅샅이 모아 일일이 이으면 어렵잖게 623미터나 되고 표면적을 계산하니 물경 639제곱미터가 되더라고 한다. 놀랍다! 정말 믿기지 않을 정도다. 저것들을 어찌, 그냥 식물이라 불러야 하겠는가?

여느 식물이나 흙에 물이 적으면 뿌리를 길고 깊게 뻗는다. 재언하지만 우리는 이들 식물의 뿌리내림에서 깨우침을 얻는다. "젊어 고생은 사서도 한다" 하고, "영웅은 간난을 먹고 자란다" 하듯이 젊어 고생을 많이 한 사람의 뿌리는 훨씬 길고 깊게 심겼다.

그런데 잘 보면 어느 식물이나 모두 뿌리를 그리 깊게 박는 것은 아니다. 단지 넓게 펴지는 것에 힘을 쏟는다. 아무리 큰 소나무도 깊숙이 내리지 않고, 자신이 매달고 있는 나무 가지보다 더 널찍하게 거미줄처럼 얼기설기, 사방팔방으로 퍼져 나간다. 한 뼘만 아래로 내려가도 흙이 딱딱할뿐더러 거름기가 표토에 주로 있기에 절대로 깊게 들어가지 않는다. 그래서 센 바람에 뿌리째 넘어가고 마는 수가 더러 있다.

헐벗은 뿌리를 하고 우뚝 서 있는 소나무 한 그루를 상상해 본다. 공중에 서 있는 나무와 땅에 박은 뿌리가 너무나 서로 빼닮아 '거울 보기(mirror image)'를 하고 있구나!

기다림을 배우는
과학과 철학의 시간, 밭아

○

　주자십회훈(朱子十悔訓)의 첫째가 불효부모사후회(不孝父母
死後悔)다. 부모에게 효도하지 않으면 돌아가신 뒤에 뉘우친
다는 풍수지탄(風樹之歎)의 의미이다. 주자십회훈의 여섯 번째
는 춘불경종추후회(春不耕種秋後悔)라, 봄에 씨를 뿌리지 않으
면 가을에 후회한다고 설파하였다. 옳으신 말씀. 사실 봄밭에
밭갈이 하며 지내는 것이 몸뚱이 운동이라면 글쓰기는 영혼
의 진력이렷다.

　요새는 밭 갈고 씨뿌리기에 눈코 뜰 새가 없다. 손바닥만
한 밭뙈기가 나에겐 버거워 한바탕 쏘대고[1] 나면 허리가 내
것이 아니다. 그리하여 푸성귀도 뜯어 먹고, 몸 운동도 하
며, 때론 글감을 줍기도 하니 일거삼득이다. 어떤 이는 말했
다. "땅에 씨앗을 심는 것은 사람의 성적 행동과 유사하여,

---

1 '쏘다니다'를 속되게 이르는 말이다.

자궁에 씨를 심는 것과 흙에 씨앗을 뿌리는 것이 분명 닮았다! 우주의 섭리를 한가득 안은 아기집이 바로 흙이다." 그 또한 맞는 말이다.

애써 북²을 돌아 밭두렁이 두둑이 섰다. 두렁의 흙을 이리저리 뒤집으면서 자갈을 골라내고 가랑잎도 주섬주섬 주워 버리면서 알알이 흙 알갱이를 조물조물 자잘하게 부셔서 보들보들한 흙고물을 만든다. 이제 호미 날로 지딱지딱, 쓱쓱 끌어당겨 씨가 누울 자리를 잡는다. 씨앗을 흩뿌리고 보드라운 흙으로 씨앗 지름의 1.5배가 되도록 다독다독 덮는다. 후유! 몸을 사리지 않고 되우³ 설치다 보니 온몸이 땀범벅이다. 뼈 빠지게 일만 한 농부는 죽어서 어깨부터 썩는다던데 난 허리부터 곪을 모양이다. 그래, 참, "농사는 과학이요, 예술이라!"고 했지. 오랜만에 불러 보는 말, 농자천하지대본(農者天下之大本)이라!

한데 씨를 너무 깊게 심으면 싹이 흙 밖으로 올라오지 못하고 죽어 버리고 말며, 너무 얇게 묻으면 볕에 흙이 말라 물 부족으로 뿌리를 내리지 못한다. 며칠 뒤, "야! 야! 싹이다, 싹 올라온다!"라고 흥분하여 고함친다. 옆에 누가 있든 없든 상관없다. 어느 것이 먼저랄 것도 없이 소리 소문 없이 샛노란(곧 빛을 받아 녹색으로 바뀜) 촉⁴들이 영차! 영차! 힘차게 흙 더께를 머리

---

2 식물의 뿌리를 싸고 있는 흙을 말한다.
3 되게.
4 '싹'을 뜻하는 방언.

에 이고 솟아오르니 그것은 희망의 싹이요, 꿈의 움인 것이다. 싱글벙글, 그것에서 눈을 떼지 못한다. 탄생의 기쁨을 만끽하는 순간의 그 즐거움을 필설로 다 못함은 나의 불찰이다.

그런데 씨알들은 왜 저렇게 작고 똥그랄까? "사과 속의 씨는 바보도 알지만 씨 속의 사과는 하늘만 안다"고 했지. 저 작음 속에 어찌 가녀린 남새가 들었고 웅숭깊은 거목이 자리하고 있단 말인가! 익은 과일도 둥그스름하지 않던가. 덮어 놓은 짚대를 하루가 멀다 하고 열어 보는가 하면, 번번이 이제나저제나 조급한 마음에 흙을 파 보다가 무르춤하고[5] 만다. 맙소사, 괜스레 멀쩡한 싹을 그만 댕강 꺾어 버렸다. 그럴 땐 객쩍어 내 손을 잘라 버리고 싶다. 딥다 재우친다[6]고 될 일도 아닌데 뭘 그리 서두르는 것일까? 흙에선 '썩힘'을, 곡식이나 나무의 자람에서 '기다림'을 배우는 것인데…… 배움이 그렇듯 파종도 시(時)가 있고 때가 있는 법이다.

발아 생리를 한번 들여다보자. 싹틈(germination)이란 식물의 씨앗이나 곰팡이, 세균의 포자(홀씨)에서 새 목숨이 나오는 것을 일컫는다. 움이 틀 때는 적당한 물, 온도, 산소가 필수적이고 가끔은 밝은 빛이나 캄캄한 어둠이 발아를 지배하기도 한다.

---

5 뜻밖의 사실에 놀라 뒤로 물러서려는 듯하면서 행동을 멈추다.
6 빨리 몰아치거나 재촉하다.

1)물: 씨앗(보통 1퍼센트의 물 함유)은 어느 것이나 바싹 마를 대로 말라 있어 물을 만났다 하면 벼락같이 흡수하여 씨알이 부풀어 나면서 씨껍질(종피)을 터뜨린다. 쌍떡잎식물은 두 장의 떡잎(자엽)에, 외떡잎식물은 배젖(배유)에 양분(식물에 따라 탄수화물, 단백질, 지방의 비율이 다르다)을 품고 있어 배(embryo)가 자라는데 영양이 된다. 충실한 떡잎에서 될성부를 나무가 난다! 물에 젖은 씨앗은 제일 먼저 아밀라아제 같은 가수분해효소가 이들 양분을 분해하여 물질대사에 쓸 수 있는 간단한 물질(포도당, 아미노산, 지방산/글리세린)로 분해하고, 제일 먼저 어린뿌리(유근)를 내려 제자리를 잡고, 그것이 물을 빨아들이면서 잎줄기를 가진 어린눈(유아)이 난다.

2)산소: 흙 알갱이 사이에 낀 산소를 쓰는데, 이것은 앞에서 분해한 포도당, 아미노산, 지방산과 글리세린을 산화시켜 에너지를 공급한다. 따라서 너무 깊게 묻혔거나 물이 고이면 발아하지 못한다. 나팔꽃이나 연꽃 씨 같은 경우는 종자 껍데기가 하도 딱딱하여 산소가 침투하지 못해 얼마간 잠을 잔다. 이렇게 쉬는 상태의 씨앗을 휴면종자(dormant seed)라 한다.

3)온도: 적당한 온도에서라야 세포 대사가 일어나 발아한다. 보통 식물은 16~24도가 최적이지만 사과씨같이 일정한 기간 차가운 곳(영하 4~5도)에 둬서 '저온처리(춘화처리)'를 해서 휴면을 깨 줘야 싹트는 것이 있고, 또 어떤 것은 생뚱맞게도 산불 열기를 받아 껍데기가 좀 그슬려야 비로소 싹이 트기

도 한다. 그런가 하면 이른 봄, 아직 피우지 않은 꽃망울이 가득 달린 진달래 가지를 꺾어 꽃병에 꽂아, 따뜻한 곳에 두면 꽃을 보니 이는 '고온처리'이다.

4)빛: 보통 발아는 빛에 영향을 받지 않지만, 상추나 솔[松] 씨 따위는 센 빛을 받아야 발아한다. 짙게 우거진 소나무 숲에 떨어진 그 많은 솔 씨는 쉽게 싹트지 않는다. 이때 어미 소나무(모수)를 베어 버리면 애솔이 번개같이 수두룩이 난다. 그리고 어떤 씨앗은 동물이 먹어 창자의 소화효소에 씨 껍데기가 녹아야 발아한다. 거참, 싹틈 하나도 예사롭지 않구나. 이렇듯 새봄에, 새 생명의 탄생은 정녕 찬란하고 아름다우며 적이 놀랍다! 이 찬연한 봄을 앞으로 몇 번 더 맞이하고 죽을라나.

노아의 홍수 때
머리가 하얗게 세어 버린 꽃, 민들레

○

옛날 노아의 홍수 때 삽시간에 온 천지에 물이 차오르자 온통 달아났는데 민들레만은 발(뿌리)이 빠지지 않아 도망을 못 갔다고 한다. 두려움에 떨다가 그만 머리가 하얗게 다 세어 버린 민들레의 마지막 구원 기도를 하나님이 가엾게 여겨 씨앗을 바람에 날려 멀리 산 중턱 양지바른 곳에 피어나게 해 주었다고 한다. 믿거나 말거나.

밉게 보면 잡초 아닌 것이 없고 곱게 보면 꽃 아닌 것이 없다고 한다. 맞는 말이다. 가까이 다가가 오래오래 자세히 살펴보면 아름답지 않은 들풀이 없지. '고운 잡초' 민들레는 쌍떡잎식물, 국화과의 여러해살이풀(다년초)이며, 겨울엔 깊숙이 박은 튼실한 땅속 뿌리로 지내다가 이듬해 봄이 오면 다시 잎과 꽃을 피운다. 볕이 잘 들고 물이 손쉽게 빠지는 곳에서 잘 자라는 이들은 원줄기는 아예 없고, 잎이 뿌리에서 뭉쳐 나서 사방팔방 옆으로 드러눕는다. 그것을 위에서 내려다보면 장

미꽃을 닮았다 하여 로제트(rosette)형이라 한다. 잎사귀는 곪은 데를 째는 침(피침)을 닮은 바소꼴이고, 길이 6~15센티미터, 폭 1.2~5센티미터이며, 엽신(잎몸)이 여러 갈래로 깊이 패어 들어갔으니, 잎의 모양이 '사자 이빨(lion's tooth)'과 흡사하다 하여 'dandelion'이라 부른다.

민들레는 근경(뿌리줄기)이나 종자로 번식하는데, 노란색 꽃은 4~5월에 봄꽃으로 다투어 피며, 낮에는 개화하고 밤에는 닫힌다. 잎 길이와 비슷한 속이 빈 늘씬한 꽃대가 길게 죽죽 뻗어 나오고, 그 끝에 두상화(꽃대 끝에 꽃자루가 없는 작은 통꽃이 많이 모여 피어 머리 모양을 이룬 꽃) 1개가 달린다. 하나의 꽃송아리에는 수많은 작은 꽃(floret)이 뭉쳐 달리니, 결국 그 꽃의 수만큼 씨앗이 영근다. 민들레는 특이하게도 꽃가루받이가 필요 없는, 자가수분이나 타가수분도 아닌, 일종의 단위생식법인 무수정생식을 하기에 세월이 가도 유전적으로 '어미와 자식'이 꼭 같다.

재래종 민들레(*Taraxacum platycarpum*)는 총포가 꽃을 위로 싸고 있지만 서양민들레(*Taraxacum officinale*)는 아래로 낱낱이 처지며, 전자는 잎 갈래가 덜 파였지만 서양민들레는 깊게 파인다. 또 후자는 유럽이 원산지인 귀화식물로 도시 주변이나 농촌의 길가와 공터에서 흔히 볼 수 있는데, 꽃대가 짧은 편이다. 서양에서는 잔디밭에서 많이 나다 보니, 잔디를 깎을 적에 그들도 목이 잘려지기에 꽃대가 짧은 것만 살아남아 그렇다고 한다. 이 둘 말고도 우리나라 본토종인 흰민들레 (*Taraxacum coreanum*, Korean dandelion)가 있으니, 앞의 둘은 꽃이 노란데 비해 이것은 아주 희다. 이 또한 줄기가 없고 뿌리에서 잎이 무더기로 나와서 비스듬히 퍼지며, 잎은 길이가 20~30센티미터, 폭은 2.5~5센티미터로 셋 중에 가장 크고, 잎몸의 갈래 조각은 6~8쌍이며, 이 또한 총포가 위로 바싹 붙는다.

　가수 박미경의 「민들레 홀씨 되어」의 몇 구절이다. "달빛 부서지는 강둑에 홀로 앉아 있네 / (……) / 우리는 들길에 홀로 핀 이름 모를 꽃을 보면서 // (……) / 어느새 내 마음 민들레 홀씨 되어 / 강바람 타고 훨훨 네 곁으로 간다." 이 가사에서 먼저 칭찬할 것은 '이름 없는 꽃'이 아니고 '이름 모를 꽃'으로 쓴 것이다. 만일 이름 없는 들꽃이 있었다면 식물 분류학자들이 벼락같이 달려갔을 터. 미기록종이 아니면 신종일 것이었으므로 말이지. 그러나 "민들레 홀씨 되어"가 탈이다.

　식물학자들이 제일 듣기 싫어하는 것이 이 노래의 '민들레 홀씨'와 '붉은 찔레꽃', '억새풀'이라 한다. 여기서 '홀씨'를 '홀로 날아다니는 꽃씨' 정도로 해석하면 좋으나, 곰팡이나 버섯의 홀씨라면 안 된다는 것이고, 또 "찔레꽃 붉게 피는 남쪽 나라 내 고향……"에 나오는 가사 또한 엉터리로 찔레꽃은 모두 희다는 주장이며, "아~~~ 으악새 슬피 우는……"의 으악새는 결코 억새풀이 아니고 꺽다리 새 '왜가리'를 지칭한다는 것

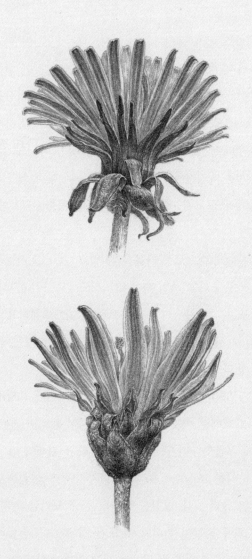

서양민들레(위)와 재래종민들레(아래)

서양민들레는 총포가 아래로 쳐진 반면 재래종민들레는 위로 싸고 있는 걸 볼 수 있다.

이다. 필자도 이에 동의하는 바이며, 「과수원길」이란 노래 탓으로 '아까시나무'가 아닌 '아카시아'로 쓰인 것도 큰 잘못이다.

한방에서는 민들레를 젖이 나게 하는 약제로도 사용한다. 그런데 민들레 잎줄기를 꺾거나 땄을 때 하얗고 쌉싸래한 액즙 이눌린(inulin)을 분비하기에 그랬던 것이 아닌가 싶다. 암튼 이눌린은 돼지감자, 달리아, 우엉 등 국화과 식물의 뿌리 혹은 덩어리 줄기에 저장되어 있는 탄수화물(다당류)의 일종이다.

또한 민들레 순으로 묵나물을 해 먹고, 특히 흰민들레가 대장이나 간에 좋다고 하여 씨를 말리기도 한다. 유럽에서는 잎은 샐러드로, 뿌리는 커피 대용으로 쓰며, 세계적으로 한때 구황식물로 사용하기도 했다. 그래서 그랬을까, 민들레의 꽃말은 '감사'라고 한다.

한 떨기 노란 민들레꽃이 지고 나면 그 자리에 솜방망이 모양을 한 호호백발 씨앗들이 한가득 줄지어 열리며, 한껏 크고 둥그렇게 부풀었다가 불현듯 바람을 타고 가볍게 흩날린다. 솜뭉치 하나를 조심스럽게 따서, 후우~~~ 불어 씨를 공중으로 훨훨 날려 보내 낙하산 부대의 공중 묘기를 본다. 이것도 세어 봐야 직성이 풀리니 이 또한 병이련가? 궁금하여 일부러 그러모아 또박또박 헤아려 봤더니만 머리에 인 솜덩이 하나에 평균하여 123개의 씨앗이 달렸더라. 씨앗 끝자리에는 낙하산을 닮은 관모(冠毛, pappus)가 있어 마구 부력을 한껏 높인다. 실은 관모가 낙하산을 닮은 게 아니고 관모를 흉내 낸 것이 낙하산이다. 과학에는 자연을 모방한 것이 많고도 많다!

사촌도 안 준다는
강장 채소의 대명사, 부추

○

이날 이때껏 지방마다 써 온 부추의 향어(鄕語)에는 소풀, 부채, 부초, 난총, 솔, 졸, 정구지 따위가 있다. 충청도에서는 졸, 우리 동네 경상남도 산청에서는 소풀, 내 처가 경상북도에선 정구지, 전라도에서는 솔, 경기도 지방에서는 부추 등으로 각각 다르게 불린다. 이를 하나로 통일하여 표준어에 해당하는 편리한 우리말 이름을 정했으니 그것이 '부추'다. 만물개유명(萬物皆有名)이라고 만물은 다 제 이름이 있다고 하였다. 기실 나라 사람끼리도 이렇게 헷갈리니 표준어를 정해 놓지 않으면 서로 말이 통하지 않는다.

하물며 국내에서 이 정도라면 나라끼리는 어떻겠는가. 아무리 외국인들을 보고 이 풀 이름은 '부추'라고 해도 의사 불통이다. 부추를 놓고 서양인은 갈릭 차이브(garlic chive), 중국인은 꼬우초(kow choi, 구채韭菜), 일본인은 니라(nira), 동남아인은 쿠차이(cuchay)라 불러 대니 기가 막힐 지경이다. 여기에도 세계 공통어가 필요하였으니 다름 아닌 학명(scientific name)으로 부추의 학명을 *Allium tuberosum*으로 정했다. 누가 봐도 다 알아차리니 얼마나 편리한 만국 공통어인가! 보다시피 학명은 만국 명명 규약에 따라 약간 오른쪽으로 기울어진 글자체인 이탤릭체로 쓰기로 했고, 반드시 라틴어로 쓴다. 여기서 파, 양파, 마늘과 같은 파속 식물을 뜻하는 속명 *Allium*은 대문자로 쓰고, 종소명인 *tuberosum*은 소문자로 쓴다. 이렇게 속명과 종소명을 나란히 쓰는 이명법(二名法)을 창시한 사람은 스웨덴에서 국보로 치는 분류학의 비조(鼻祖) 린네(Carl von Linné)이시다.

부추는 외떡잎식물(단자엽식물), 백합과에 속하며, 한 번만 종자를 뿌리면 그다음 해부터는 뿌리에서 새싹이 돋아나 계속 자라는 다년생 초본으로 동남아시아가 원산이다. 우리나라 전역에 자생하기도 하지만 특히 농가에서 대량으로 재배한다. 필자도 텃밭에 20여 무더기를 심어 키우는지라 나름 그들의 생태를 꽤나 아는 편이다. 포기나누기(분근分根)로 옮겨 심으며, 수염뿌리가 아주 세게 얽히고 뻗어 난다. 대개 봄부터 가을까지 대차게 자라는지라 자라는 족족 3~4회 연거푸 베 먹는데, 그때는 최대한 흙 가까이 밑동을 자른다. 그런 다음 그 자리에 재를 흩어 주는데, 이것은 강알칼리성인 재 가루가 다른 병균이 달려드는 것을 막아 주기 때문이다. 어렸을 적 꼴을 베다가 벤 자리에 어른들이 준 담뱃재를 문질렀던 것

말없이 치열하게 살아가는 괴짜들

도 그런 까닭이다. 아무튼 늦여름이면 포기마다 멀쑥하게 긴 꽃장대가 목을 빼고 길게 치솟는데 그 끝에 꽃송이들이 한가득 피고, 거꾸로 된 심장 꼴인 6개의 검은색 종자(씨앗)를 품은 모난 열매는 익으면 과피(果皮)가 말라 쪼개지면서 씨를 퍼뜨리는 삭과이다.

소복 같은 부추의 새하얀 꽃은 청초하다고나 할까? 꿀벌부터 뭇 벌레들이 꽃물을 빨겠다고 마구 달려든다. 물론 부추는 전형적인 외떡잎식물이다. 이들은 꽃잎의 수가 3의 배수이고, 쌍떡잎식물은 4와 5의 배수라는 공식을 생각한다면 부추의 꽃잎은 몇 장일까? 꽃잎과 수술은 각각 6장씩인데, 사실 외떡잎식물에서 꽃잎이 셋인 것은 동·서양란에서 보듯 아주 많지만 배수인 여섯인 것은 드물다.

부추는 누가 뭐래도 알아주는 파워 푸드(power food)요, 슈퍼 푸드(super food)라는데, 한자명이 起陽草(기양초), 壯陽草(장양초)라는 것만 보아도 부추가 정력에 좋은 강장(强壯) 채소임을 말해 준다. 오죽하면 먹고 나서 소변이 벽을 뚫는다는 '파벽초(破壁草)'라 했겠는가. 우리나라 사찰에서 특별히 먹지 못하게 하는 음식으로 오신채(五辛菜)라는 것이 있으니, 마늘(Allium sativum)과 파(A. fistulosum), 부추(A. tuberosum), 달래(A. monanthum), 흥거(Scilla scilloides, 무릇) 다섯으로, 흥거를 빼고는 모두가 백합과, 파속(Allium)이며, 모두 자극성이 있고 톡 쏘는 냄새가 나는 것이 특징이다. 우리나라 절에서는 양파

(*A. cepa*)도 먹지 못하게 하니 그 또한 파속 식물이라 그렇다. 참고로 학명 쓰기에서 처음은 학명을 모두 쓰지만 위에서 보는 것처럼 두 번째부터는 속명은 약자(*Allium*을 *A.*처럼)로 쓰기로 약속하였다. 그리고 오신채의 '신(辛)'은 단지 매운맛을 의미하는 게 아니라, 양기를 성하게 하는 기능이 있음을 뜻한다. 그리고 흥거(흥거)는 서양에서 나는 미나리과 식물로 우리나라에는 살지 않는 식물이라 한다. 재언하지만 오신채를 절에서 금하는 것은 날로 먹으면 성내는 마음을 일으키고, 익혀 먹으면 음심(淫心)을 일으킨다고 해서이다.

"4월 부추는 사촌도 안 준다"고 하던가. 부추 맛은 조금 시고 맵고 떫으며, 비타민 A와 비타민 C가 풍부하고, 활성산소 해독 작용은 물론 혈액 순환을 원활하게 하는 식품이다. 우리가 먹는 부추 요리도 참 많으니, 부추잡채·무침·부침개·겉절이·김치·장아찌·즙은 물론이고 보신탕이나 추어탕에도 빠지지 않는다. 어디 그뿐인가. 배추김치나 오이소박이 담글 때 부추를 넣으면 독특한 향으로 맛을 돋우며, 재첩국에까지 넣는다. 부추에 함유되어 있는 당질은 대부분 포도당과 과당의 단당류이며, 특유한 냄새는 유황 화합물로 독특한 향미가 있는 식품이다. 마늘의 대표적인 성분은 자기 방어 물질인 알리신(allicin)인데 이는 동맥경화, 혈압, 항염증에 좋다. 또한 마늘은 매운맛과 동시에 톡 쏘는 마늘 냄새를 풍기는데, 마늘뿐만 아니라 양파나 부추도 유사한 기능을 가지고 있다.

"식이약(食以藥)이요, 약식동원(藥食同源)"이라고 음식 속에는 몸에 필요한 약이 들어 있다. 부연하면 음식이 약인 것이니 고루고루 잘 먹는 것이 백번 옳다. 여태껏 부추가 유달리 질깃한 것이 이 사이에 자꾸 끼여 귀찮고 시시하게 여겼는데, 글을 쓰다 보니 마음이 급작스레 180도 확 바뀌었다.

휘이휘이, 악귀도 물리치는 양기의 상징, 대추나무

○

　자기와는 아무 상관없는 일에 콩이야 팥이야 하면서 공연히 간섭하고 참견하지 말라는 뜻으로 "남의 제상에 감 놔라 배(대추) 놔라 하는가"라 한다지. "대추나무에 연 걸리듯"이란 아무런 계획 없이 이곳저곳에서 돈을 빌려 빚을 많이 지고 있다는 뜻인데, 대추나무 가지에는 얼키설키 잔가지가 많아 연이 잘도 엉겨 붙는다고 하여 생긴 말이다. 또 "콧구멍에 낀 대추씨"란 매우 작고 보잘것없는 물건을 빗댄 말이요, "대추나무 방망이"란 어려운 일에 잘 견뎌 내는 모진 사람을, "대추씨 같은 사람"은 키는 작으나 성질이 야무지고 단단한 사람을 가리킨다.

　대추나무(*Zizyphus jujuba*)는 갈매나뭇과에 속하는 늘씬하고 꼿꼿이 자라는 낙엽교목으로, 키가 10～15미터에 달하며, 잎은 빳빳한 것이 난형으로 끝이 뾰족하고 밑이 둥글며, 3개의 도드라진 잎맥(주맥主脈)이 있다. 과실은 핵과(核果, 씨가 단단한 핵으로 둘러쌓여 있는 열매)로 구형 또는 타원형이며, 진초록이던 것이 9~10월에 반질반질하고 싱그러운 적갈색 또는 암갈색으로 익는다. 나무에 억센 잔가시가 다발로 나고, 원산지는 중국으로 우리나라에서는 중부 지방과 남부 지방이 적지이며, 충청도의 보은대추, 논산의 연산대추, 밀양의 고례산대추 등이 유명하다고 한다. 그리고 서양 사람들은 대추(date)를 레드 데이트(red date), 차이니즈 데이트(Chinese date), 코리언 데이트(Korean date)라 부른다니 우리와 참 가까운 식물이라 하겠다.

대추나무 열매는 영글면 그 색이 붉다 하여 홍조(紅棗)라고도 하는데, 찬 이슬을 맞아야 빨갛게 때깔이 좋은 양질의 대추로 여문다. 나뭇가지가 축축 처질 정도로 열린 대추 날것 하나를 따 꾹꾹 씹어 먹으면서 장대로 나무초리부터 우듬지의 것까지 탁탁, 잎사귀들이 상하고 나무가 후줄근하도록 야멸스레 내리 턴다. 가렴주구(苛斂誅求)가 따로 없다. 대추를 다른 말로 대조(大棗) 또는 목밀(木蜜)이라 하며, 열매인 대추는 날로 먹거나 꼬들꼬들 말려 채를 썰어서 떡이나 약식에 쓰며 여러 약용으로도 쓰인다. 강삼조이(薑三棗二)란 말은 생강 세 쪽과 대추 두 알이라는 뜻으로, 한약 달임에 그런 비율로 넣기 때문인데, 대추 또한 약방의 감초인 셈이다.

대추 열매의 열매 물(과육)에는 당분이 많아 떨떠름한 맛이 전연 없고, 시척지근하면서 감칠맛이 나는 구연산, 능금산,

주석산이 담뿍 들었다. 또한 비타민 C는 사과나 복숭아보다 많으며 비타민 B군, 카로틴, 칼슘, 철, 인 등의 영양분이 많이 들었다. 옛날부터 대추는 한약재로 많이 사용되었는데, 이것은 대추가 제독 효과가 있고, 온갖 약의 성질을 조화시키기 때문이다. 천식, 아토피, 항암, 노화 방지, 불면증, 간, 위장병, 빈혈, 전신 쇠약 등에 좋으며, 중국에서는 대추술, 대추 식초도 만들어 먹는다고 한다.

대추나무는 재목이 단단하여 판목(版木)이나 떡메, 달구지의 재료로 쓰이기도 한다. 보통 대추나무는 물에 뜨는데 비해 벼락을 맞은 대추나무는 물에 가라앉는다고 한다. '벼락 맞은 대추나무'를 벽조목(霹棗木)이라 하는데 이는 사악한 귀신을 쫓고, 재난이나 불행을 막아 주며, 상서로운 힘을 가진다 하여 도장, 목걸이, 휴대전화걸이, 염주 따위로 만들어 지니는데, 그건 나무가 귀할뿐더러 재질이 매우 치밀한 탓일 것이다. 고비늙은[1] 대추나무는 양(陽)의 기운이 아주 강한데, 거기에다 뜨거운 양(벼락)이 더해져 양 중에서도 가장 강한 극양(極陽)이 되었으니 어찌 음기(陰氣)가 다가올 수 있겠는가. 훠이훠이 악귀여 저리 물러가라, 다친다.

대추나무에는 열매가 많이 열린다. 대추는 풍요와 다산의 의미가 함축되어 있어 제사에 필수적이요, 다남(多男)을 기원

---

[1] 지나치게 늙은 데가 있다는 뜻.

하는 상징물로서 폐백 때 시부모가 밤이나 대추를 며느리의 치마폭에 던져 주는 것도 그런 의미이다. 또한 가수(嫁樹)라 하여 음력 정월 초하룻날에 도끼머리로 나무를 두드리거나 과수(果樹)의 두 원가지[2] 틈에 돌을 끼워 두면 그해 과일이 많이 열린다고 하였으니, 말해서 '나무 시집보내기'다. 대추나무도 시집을 보냈으니 다름 아닌 가조수(嫁棗樹)로 음력 5월 5일 단옷날 정오에 행하였다. 이는 식물도 혼인을 하여야 열매를 잘 맺는다는 믿음에서 비롯된 것이다. 다시 말해서 도끼와 돌은 신비한 잉태의 힘을 가진 남성 성 생식기의 상징으로 여겼던 것. 아무튼 사람과 나무를 하나로 봤던 조상들의 심성정(心性情)[3]에 탄복할 따름이다.

그런데 도끼질이나 돌 박기에 과학성이 있다면? 그렇다. 나무줄기의 바깥에는 잎에서 만들어진 여러 영양분이 내려가는 체관이 있고, 안쪽 딱딱한 목질부에는 뿌리에서 잎으로 물을 수송하는 물관이 있다. 도끼로 두드리거나 돌을 끼울라치면 체관이 다치거나 눌려져서 잎에서 광합성으로 만들어진 양분이 제대로 내려가지 못하고 열매로 몰리게 되어 충실한 과일, 대추를 얻는다. 옛날 어른들도 몸소 얻은 체험으로 이 사실을 알고 계셨으니……. 지금도 과수원에선 과일 나무가

---

2 원줄기에 붙어 있는 굵은 가지를 가리킨다.
3 심성.

크게 다치지 않을 정도로 원줄기의 수피(樹皮) 일부를 살짝 고리 모양으로 벗겨 내는 환상박피를 한다.

제사상에 과일을 진설할[4] 때 조율이시(棗栗梨柿, 대추·밤·배·감) 순으로 놓으며 그 외의 것들은 순서가 없다. 재언하면 제상에 놓는 과일은 기본이 네 가지인데, 대추는 씨가 하나이므로 임금을, 밤은 한 송이에 3톨이 들었으므로 삼정승을, 배는 씨앗이 6개라서 육조판서, 감은 8개의 종자가 들어 있어 우리나라 조선 팔도를 각각 상징한다는 속설이 있다. 어쨌거나 대추는 거기서도 으뜸이다.

---

4 제사나 잔치 때, 음식을 법식에 따라 상 위에 차려 놓는 일.

동물이 떨어트린 배설물을 이용하는 식충식물, 네펜테스

○

대관절 어인 일로 이런 신비롭고 약삭스런 생물이 다 생겨 났담? 식물에 빌붙어 반기생하는 겨우살이나 완전 기생하는 새삼 식물을 이야기한 적은 있지만 말이다.

동물을 사냥하는 벌레잡이식물(식충식물, insectivorous plants)은 결코 온통 곤충만 잡아먹고 사는 것이 아니고, 스스로 광합성을 하여 간신히 살아가면서 오직 부족한 영양소를 벌레에서 얻어 보충할 따름이다. 이들은 남다른 해괴망측한 벌레잡이기관(포충기관)을 가져서 작은 동물을 잡아 소화시켜 질소 따위의 영양소를 벌충하는 일종의 육식식물(carnivorous plant)이다. 하지만 곤충 단백질에서 절대로 열이나 활동 에너지를 얻는 것은 아니고, 단지 질소(암모늄) 같은 무기염류 영양소를 얻을 뿐이다.

파리지옥, 끈끈이주걱 등의 모든 벌레잡이식물들은 주로 축축한 늪지대나 토질이 형편없는 토탄, 이끼며 흙이 아주 얇게 깔린 곳이나 지극히 척박한 땅, 특히 질소나 칼슘 성분이 무척 적은 암석의 노두(露頭)에 뿌리를 박고 안간힘을 다해 살지만 하나같이 뿌리내림이 턱없이 형편없다. 아주 약골이라 경쟁 식물이 곁에 있으면 살아남지 못한다고 한다.

습도가 높고 더운 열대 지방이 원산지로, 지금껏 이렇게 희한하게 적응(진화)한 것이 세계적으로 630종이 넘고, 우리나라에도 통발과 10종, 끈끈이주걱과 4종, 벌레잡이풀과 1종하여 의외로 많은 총 15여 종이 자생한다고, 강원대학교 자연대학 유기억 교수께서 알려 주셨다.

식충식물은 동물을 잡는 방법에 따라 다섯 무리로 나뉜다. 첫째, 잎이 주머니 꼴인 벌레잡이주머니(포충낭)를 가진 종류로, 동남아시아와 아프리카에 야생하는 네펜테스(Nepenthes) 등이 여기에 속한다. 둘째, 잎에 점액을 분비하는 털(선모腺毛)이 한가득 나서 먹잇감을 달라붙게 하는 끈끈이주걱, 끈끈이귀개('귀개'란 귀지를 파내는 기구인 귀이개를 뜻한다) 등이 있다. 셋째, 벌레가 닿으면 더더욱 센 압력으로 비좁은 통 안으로 빨아들이는 통발 등을 들 수 있다. 넷째, 여닫이 기구인 벌레잡이잎(포충엽, 털이 많은 잎이 돌연변이를 일으킨 것임)을 가진 것으로 여차하면 재빠르게 잎을 오므려 곤충을 덥석 드잡이하는 파리지옥 등이 이 부류이다. 마지막으로 벌레가 닿으면 안으로 향한 털이 시나브로 움직여 저절로 속으로 끌려들게 하는 벌레잡이 또아리풀들이 있다. 그런데 특이하게도 식충식물의 분비액(소화액)이 곰팡이를 죽이는 놀라운 성질이 있는 것을 알고 항진균제(antifungal drug) 약품 개발을 하는 중이라 한다.

이들 중 대표적인 것 둘만을 골라 간단히 살펴보자. 첫째, 열대 지방에서 자생하는 네펜테스는 잎이 변해서 표주박이나 주전자(pitcher)를 닮은 포충엽을 가지기에 'pitcher plant'라 부른다. 네펜테스 일종은 작은 포유동물인 산지나무두더지 (*Tupaia montana*)나 쥐(*Rattus baluensis*)와 공생을 하는데, 이들은 뚜껑의 단물을 핥아 먹고 네펜테스는 '주전자'에 떨어뜨린 이들의 배설물을 영양분으로 쓴다. 그리고 벌레잡이잎은 잎자루가 펴져서 잎처럼 보이는 것으로 이런 잎을 가짜 잎(위엽僞葉)이라 한다.

또한 벌레잡이 '주전자'에는 대부분 날아다니는 곤충이 잡히지만 달팽이나 개구리는 물론이고 작은 새까지도 잡힌다. 그런가 하면 어떤 모기 유충이 통 속의 액체에 살기도 하는가 하면 잡힌 벌레를 먹고 사는 거미도 있다. 바닥에서 3분의 1 정도 채운 액체에는 소화액이 들었지만 먹잇감을 소화시키느라 소비하고 나면 거기에 살고 있는 세균들이 단백질 분해를 도와준다.

두 번째, 잎을 7개 이상 갖지 않는 파리지옥은 각 잎의 중앙에 3개의 털이 있다. 잎을 아물어 닫기 위해서는 최소한 2개가 자극을 받아야 하는데, 이는 '신경초(神經草)'라고도 부르는

네펜테스 로위(Nepenthes lowii)

네펜테스는 잎이 변해 표주박이나 주전자를 닮은 포충엽을 가지고 있다. 네펜테스 중 어떤 종류는 산지나무두더지 등의 작은 포유류와 공생한다. 산지나무두더지가 뚜껑의 단물을 핥아 먹는 동안 네펜테스는 '주전자'에 떨어진 그들의 배설물을 영양분으로 쓴다.

미모사(mimosa)가 물체에 닿으면 반응하듯이 일종의 감촉성이다. 아무렴 식물에 신경이 있을 리 만무하니 신경초란 말은 허무맹랑한 말이고, 미모사나 식충식물이 접촉에 일으키는 반응은 모두 세포 내 팽압(turgor pressure)의 변화 탓이다.

박물학자 찰스 다윈도 식충식물을 연구하였으니, 1875년 7월 2일에 독일어로 된 300쪽이 넘는 『식충식물(*Insectenfressende Pflanzen*)』이란 책을 출판했다. 두 아들이 함께 그림을 그려 넣은 책으로, 거친 환경에서 살아남기 위한 적응 현상(자연도태)에 지대한 관심을 기울인 책이라 하겠다. 책에는 상세하고 조심스럽게 관찰한 식충식물의 벌레 잡는 법과 섭식 방법들을 수록하고 있는데, 초판 3,000부를 여러 나라 말로 번역하여 출판했다고 한다. 무슨 생뚱맞은 이야기냐고 탓하겠지만, 1875년을 찾아보니 우리나라 조선 고종 12년이었다. 그때 그 시절에 우리의 생물학은 어떤 상황이었을까?

여기까지 듣다 보니 식충식물은 '반은 동물이고 반은 식물'이라 여길 수도 있겠지만 이들은 꽃식물인 현화식물(顯花植物)로 종자(씨앗)로 번식(유성생식)한다. 그리고 양성화라 꽃가루받이에 곤충들의 신세를 져야 하지만, 다행이 꽃대가 늘씬하여(포충기관과 멀리 떨어져 있어) 곤충이 먹히는 일은 없다고 한다. 잎에 날아드는 벌레는 티도 안 내고 잡아먹지만 꽃에 오는 것은 거들떠보지도 않는 뻔뻔한 깍쟁이다.

한편 잎을 길게 늘여 일부를 잘라 번식하는 영양생식

(vegetative reproduction, 무성생식)도 하며, 애호가들은 잎을 따서 심거나 포기 나누기로 인공 번식시킨다고 한다. 아무튼 이들은 먹잇감이 오기만을 끈질기게 참고 견디는 기다림의 명수들이다.

벌의 영원한 친구인
가짜 아카시아, 아까시나무

○

초여름에 기온이 점점 올라가기가 무섭게 '동구 밖 과수원 길'을 '아까시나무' 꽃이 활짝 핀다. 아까시나무(*Robinia pseudoacacia*)는 '가짜 아카시아(*pseudoacacia*)'라고도 부르며, 콩과의 낙엽활엽교목으로, 보통 사람들은 으레 '아카시아나무'로 그릇되게 부르고 있다.

먼저, 아까시나무는 키다리라 큰 놈은 키가 족히 25미터까지 자라고, 나무껍질은 노란빛을 띤 갈색이며, 세로로 갈라지면서 가시가 난다. 잎은 어긋나고, 잎줄기 좌우에 몇 쌍의 작은 잎(소엽)이 짝을 이루어 달리며, 그 끝에 한 개의 작은 잎으로 끝나는 홀수깃꼴겹잎(기수우상복엽奇數羽狀複葉)이다. 소엽은 9~19개가 달리며 달걀 모양으로 길이 2.5~4.5센티미터이다.

우리 어린 시절에는 땅바닥이 흑판(칠판, 지금은 녹판이다)이고, 주변의 푸나무들이 장난감이었지만 그래도 그때가 좋았다! 조무래기 또래들이 각각 잎사귀 하나씩을 따 소엽의 개수를 하나, 둘, 셋…… 모두 같게 하고는 가위 바위 보를 시작한다. 이기면 하나씩 따서 버리니 제일 먼저 다 따 버린 이가 이기는 놀이였다. 동무 이마에 호~~~ 딱! 알밤 먹이는 '잎따기 놀이'는 지금도 기억이 난다. 허기를 달래기 위해 때때로 아까시나무 꽃을 한 움큼씩 따 먹기도 하였으니, 요새도 간혹, 삼순구식(三旬九食)[1]하며 연명해 온 서러운 고릿적[2] 일이 얼핏설핏 생각나면 아까시나무꽃을 따서 우물우물 옛날을 반추한다.

아까시나무는 오뉴월에 새하얀 꽃이 새 가지의 잎겨드랑이에서 나며 총상화서(總狀花序)라 지천으로 뒤룽뒤룽 달리는데, 꽃향기가 코를 쏜다. 열매는 다른 콩과들과 마찬가지로 꼬투리로 맺히며, 9월경에 영근 열매가 마르면 씨방이 두 줄로 쫙 갈라져 씨가 튀어 나오는 협과(莢果)다. 5~10개의 종자가 들었는데, 납작한 신장(콩팥) 모양이며 검은빛을 띤 갈색이다. 번식은 꺾꽂이와 포기나누기, 종자로 하며, 아까시나무 뿌리에는 질소고정세균이 있어 척박한 땅에서도 잘 자란다.

꿀벌의 밀원(蜜源)으로 알아주는 이 나무는 볕이 드는 순간 냉큼 곤충을 부르는 센 향기를 피운다. 식물들은 꽃 냄새를

---

1 · 30일 동안 아홉 끼니밖에 먹지 못했다는 뜻. 매우 빈궁함을 가리킨다.
2 · 옛날의 어느 한 때.

말없이 치열하게 살아가는 괴짜들

풍기는 시간이 정해져 있다. 낮에는 햇볕이 나서 되도록 곤충들이 날 수 있는 기온이고, 야행성인 나방을 끌기 위해서 오밤중에 냄새를 피우는 식물도 있다. 그들도 애써(에너지를 들여) 만든 향수를 함부로 날리지 않고 곤충의 활동 시간을 귀신같이 맞춘다는 말씀이다. 언감생심, 아까시나무나 밤꽃 냄새를 이른 아침이나 한밤중에 맡을 생각은 하지도 말 것이다.

이 나무는 본래 북아메리카의 동부 지역에서 중부에 걸쳐 자라던 외래식물로 토양 적응성이 높아 장소를 가리지 않고 잘 자라기에 세계 각국에서 사방용, 조림용으로 널리 심었다. 우리나라에는 1900년 초 일제강점기 시대 일본을 거쳐 도입되었다. 사람 마음이 용렬하여 지금에 와서는 생장이 하도 왕성하여 걷잡을 수 없이 생태계를 파괴하는 놈으로 고깝게 여겨져서 씨를 말리려 드니 돌연 홀대받는 신세가 되었다. 그러나 꽃향기가 좋고, 많은 꽃물을 내므로 개화할 무렵이면 전국의 양봉업자들이 꽃을 따라 남쪽에서 북쪽으로 대거 이동하며, 우리나라 꿀의 80퍼센트 이상은 아까시나무 꿀이다. 목재는 질기고 단단하여 내구성이 좋아 토목·건축용으로 이용하거나 농기구를 만드는 데 쓰며, 탈 때 연기가 적기 때문에 땔감으로도 손색이 없다. 눈이 새빨간 집토끼 놈들도 나뭇가지만 보고도 두 발로 펄쩍 뛰면서 달려들던 나무가 아니던가!

여기까지가 아까시나무 이야기였고, 이다음은 아카시아나무(*Acacia nilotica*)다. 아카시아나무는 아프리카에 나는 종이며, 기린이 목을 빼고 단골로 뜯는 나무로 아주 억센 가시가 퍽이나 많이 난다. 아카시아나무를 크고 센 가시가 많다고 하여 '가시나무', 바람이 불면 휘파람 소리를 낸다고 해서 '휘파람 가시나무'라고도 부른다.

아카시아나무는 키 5~20미터로 수관(樹冠)이 매우 발달하고, 어린 나무는 가시가 많으나 다 자란 나무엔 가시가 없거나 1~2밀리미터로 작아진다. 아까시나무가 하얀 물색의 꽃을 피우는 반면 아카시아나무의 꽃은 황금색이다. 이집트가 원산으로 아프리카 여러 곳으로 퍼졌으며, 호주에까지 유출되었다고 한다. 또 미얀마, 라오스, 태국 등 동남아 국가들에선 씨앗을 식용하니 수프, 카레, 오믈렛에 넣어 먹는다고 한다.

가시가 난 잎자루 아래에 속이 텅 빈, 크고 통통한 혹이 나니 그곳을 개미가 서식처로 쓰고, 먹잇감으로 잎의 꽃물과 이파리 꼭지에 맺히는 지방과 단백질이 풍부한 '벨트체(Beltian body)'를 얻는다. 하여 나무가 상하거나 죽는 날이면 자기들 목숨도 위험해지는 절체절명의 위기가 대번에 발생하므로 개미는 닥치는 대로 잎사귀를 먹어 치우는 곤충이나 초식 포유류, 줄기를 파먹는 풍뎅이에게 물불 안 가리고 눈을 치뜨고 바락바락 달려들고, 슬금슬금 건너지르며 넘어 드는 이웃 나뭇가지도 깨물어 자른다. 이렇게 아카시아나무와 개미는 죽이 맞아 서로 돕는 공생을 한다.

다시 말하지만 아까시나무는 원산지가 북아메리카에 가시

가 작고 성글며 흰 꽃이 피지만, 아카시아나무는 아프리카가 원산지이면서 가시가 크고 **빽빽**하며, 황금색 꽃을 피우는 등 서로 다른 나무이다. 무엇보다 두 나무의 학명을 비교해 봐도 완전히 다른 속이요, 종임을 안다. 더욱이 아카시아나무는 기후가 맞지 않아 우리나라에서는 자생하지 않는다. 푸나무도 제 이름을 잘못 불러 주면 서러워하는 법이다!

사람을 닮은
영험한 식물, 인삼

⊙

이번 가을에 아들이 금산에서 수삼(水蔘)을 사면서 인삼 씨(인삼자人蔘子)를 좀 구해다 주어, 산전(山田) 귀퉁이 응달진 곳에다 인삼밭을 일궈서, 세 팔 길이쯤 되는 이랑 여섯에 잔뜩 뿌려 놨다. 경동시장에서 어린 묘삼[苗蔘, 혹은 유삼(幼蔘)]을 사다 심어 본 적은 있으나 씨를 뿌려 보기는 이번이 처음이다. 심신을 정갈하게 하느라 못자리하기 전에는 방사도 하지 않는다고 하는데, 나 역시 온 정성을 쏟아 골골이, 촘촘히 묻어 주었다.

씨앗은 씨를 받자마자 바로 심으면 싹이 트지 않으며, 일단 얼마간 휴면기를 거친 다음에라야 발아를 한다. 그래서 일찌감치 서둘러 심어 내 밭의 놈들도 지금 한창 꽝꽝 얼면서 겨울잠에 들었다. 아마도 6년 뒤에는 시중의 인삼 값이 폭락하지 않을지?

인삼은 음지식물이라 직사광선은 피하고 산란광으로 옥

외광선의 10분의 1 정도가 알맞기에 통상 인삼밭을 가림막으로 가린다. 흙은 칼륨분이 풍부하고, 표토는 사양토, 심토는 점토이어야 하고, 산도는 약산성인 5.5~6.0이며, 오염되지 않은 숙전(熟田, 해마다 농사를 지어 잘 길들인 밭)이 좋다고 한다. 북쪽 또는 동북쪽으로 8~15도 정도 경사진 곳에다 가능한 야생 인삼의 자연 환경과 유사하고, 활엽수의 부식질이 많은 곳이 좋다. 참고로 내 텃밭은 어느 하나도 걸맞지 않은 곳이라 하겠지만, 혹독한 환경에 사는 놈은 그 모짐을 극복하기 위해 특수 물질을 만들기에 건강에 좋다고 한다. 못난 과일이나 벌레 먹은 채소가 몸에는 더 이롭다는 말씀.

인삼(*Panax ginseng*)이란 뿌리 모양이 사람과 유사하여 붙여진 이름이며, 귀신같은 효험이 있다고 하여 신초(神草)로도 불린다. 학명의 속명 *Panax*는 그리스어로 만병통치약이라는 뜻이고, *ginseng*은 중국어로 렌셴(rénshēn)인데, 렌(rén)은 사람, 셴(shēn)은 식물 뿌리로 '사람을 닮은 식물(人蔘)'을 뜻한다. 그리고 수천 년 동안 영초(靈草)로 여겨온 우리 '고려 인삼'을 일본에서는 '조선 인삼', 서양에서는 '코리언 진셍(Korean ginseng)'이라 부르는데, 이는 우리 인삼을 알아준다는 뜻이다. 우리나라 인삼은 한자로 '삼(蔘)' 자를 쓰지만 일본이나 중국은 '삼(参)'으로 쓴다.

그리고 인삼속(*Panax*) 식물은 세계적으로 11종이 있는데, 주로 동아시아(한국, 중국 북부, 부탄, 시베리아 등)와 북아메리카(캐나다, 미국) 및 베트남 등지에서 난다. 그중에서 한국에서 나는 고려 인삼과 캐나다, 미국 북부의 미국 인삼(*Panax quinquefolius*)이 주목을 끄는 종이고, 일본 인삼은 *Panax japonicum*, 중국 것은 *Panax notoginseng*으로 같은 인삼 속이지만 우리 인삼과는 종이 틀려 약효 또한 다르다. 그러나 생김새가 아주 비슷하여 미국, 중국의 것이 국산 삼으로 둔갑하기도 한다.

인삼은 두릅나무·오갈피나무·엄나무·황칠나무들이 속하는 두릅나뭇과에 드는 다년생 초본식물로 원래는 깊은 산중에서 자라는 것으로 키는 60센티미터에 달하고, 뿌리는 방추형으로 곧추서며, 사람의 다리에 해당하는 2~5개의 곁뿌리(측근側根)를 낸다. 뿌리 두부에는 도라지, 더덕 따위처럼 싹이 나오는 대가리인 노두(蘆頭)가 있는데, 흔히 이를 뇌두라고도 부르는데 사실 노두가 맞다.

한 개의 원줄기가 곧게 나오고, 끝에 서너 개의 잎이 돌려나기(윤생輪生)하며, 길쭉한 잎자루(엽병葉柄) 끝에는 다섯 개의 잔잎(소엽小葉)이 모인 손바닥 모양의 겹잎(장상복엽掌狀複葉)이 달린다. 소엽은 달걀 모양이고, 끝이 뾰족하며, 잎맥 위에 잔털이 조금 있고, 가장자리에 잔 톱니인 거치(鋸齒)가 난다. 꽃은 연한 녹색으로 4월에 피며, 열매는 둥글고 반드러운 것이 적색으로 익는다.

인삼이란 본디 산삼을 뜻한다. 심마니들이 산삼의 싹을 찾았을 때 "심메 보았다" 하고, 산삼을 캐는 것을 "소망 보다"라고 한다. 암튼 흙에서 캔 삼을 그대로 말린 생것이 백삼(白蔘), 그것을 가마에 넣고 쪄서 붉은빛이 도는 것이 홍삼(紅蔘), 가는 뿌리는 미삼(尾蔘)이다. 또 자연적으로 깊은 산에 나는 야생삼인 천종산삼(天種山蔘)과 야생 산삼의 씨를 받아 깊은 산속에 뿌려 야생 상태로 재배한 장뇌삼(長腦蔘), 인삼의 씨를 받아 밭에 심어 키운 재배삼(栽培蔘)이 있다.

그런데 2010년을 기준으로, 세계적으로 한 해에 거의 21억 달러에 해당하는 80,000톤의 인삼이 한국, 중국, 캐나다, 미국 네 나라에서 생산되어 35개국으로 수출되는데, 그중 태반이 한국산으로 우리나라가 최대 생산국이고, 중국이 최대 소비국이라 한다. 인삼이 나라를 먹여 살리는 셈이다!

인삼은 "특이한 냄새가 있으며, 맛은 달고, 좀 쓰며, 성질은 약간 따뜻하다(감고미온甘苦微溫)"고 한다. 사포닌(saponin), 진세노사이드(ginsenoside) 등의 성분을 가진 인삼은 정력제로는 물론이고 DNA 염기 손상 수선, 신진대사 촉진, 진정 작용, 혈당 강하, 혈압 강하, 면역력 향상, 암세포 억제, 당뇨 치료, 노화 방지, 남성 성 기능 장애 치유 등등에 다양한 효능을 보인다는 사실이 현대 의학으로도 두루 입증되고 있다. 가히 만병통치약이란 말이 썩 어울린다! 어디 그뿐인가. 인삼술, 드링크제, 차, 커피, 비누, 고급 화장품으로 빠짐없이 쓰인다.

그러나 체질에 따라 인삼은 불면증, 욕지기(메스꺼움), 설사, 두통, 흉통 등 여러 뒤탈을 일으킨다. 이런 사람은 보통 인삼을 소화시키는 가수분해효소가 없는 사람들이다. 필자는 인삼을 즐기는 편이라 없어 못 먹지만 세상을 떠난 형님께서는 인삼을 드시지 못하셨으니 동기간에도 몸바탕이 이렇게 다르다.

바위에서 자라는
귀 모양의 개척자, 석이(石耳)

○

석이를 따기 위해서는 죽음을 무릅쓰고 천길만길 깎아지른 낭떠러지 절벽을 타는 등산가가 되어야 한다. 아찔아찔, 위험천만하게 몸뚱이에 밧줄을 걸어 매고 석이버섯을 따는 것을 텔레비전에서 본 적이 있다. 공해는 질색이라 공기가 맑은 외딴 곳에서만 사는 고고(孤高)한 식물(버섯)로, 그것도 겨울이면 꽝꽝 얼고, 여름이면 땡볕에 바짝 말라 버리는 바윗돌에 붙어 산다.

석이(*Umbilicaria esculenta*)는 석이과 석이속 지의류의 일종으로 '석이버섯'이라고도 한다. 한국·중국·일본 등 동아시아에 자생하며, 우리나라 중북부 지방의 심심산곡의 암반에 붙어 살고, 남부 지방에서도 고산에서 만날 수 있다. 산골짜기의 벼랑바위에 3~10센티미터 크기로 둥글넓적하게 조붓이 붙는데 그 모양새가 귀를 닮았다고 하여 석이(石耳)라 하고, 일본이나 중국에서는 바위버섯, 돌버섯, 서양에선 Manna lichen이라 부른다.

먹는 이야기부터 하자. 석이버섯은 깡마를 때는 바삭바삭 까칠하고 단단하지만 물에 담그면 회녹색으로 변하면서 야들야들 보드라워진다. 또 마른 것을 더운 물에 불렸다가 양손으로 매매[1] 비벼 씻으면 검정물이 나오므로 여러 번 헹군다. 석이 요리는 보들보들 매끈매끈한 것이, 쫄깃쫄깃하고 오돌오돌 씹히는 맛이 좋고, 음식 재료 중 드물게 검정색이라 오색 고명을 만들 때 쓰고, 잡채에는 약방에 감초처럼 단골이며, 구절판에도 단짝이다.

잡채는 자주 먹는 편이지만 구절판 찬합에 고루고루 든 음식은 특별한 날에나 먹는다. 구절판은 가장자리 여덟 칸에 쇠고기, 전복, 해삼, 나물, 채소, 석이들을 갈쭉갈쭉[2] 채 썰어 익혀 담고, 가운데 칸에 얇게 부친 밀전병을 담아 놓으니, 그것으로 여럿을 고루 싸 먹는 밀쌈으로 일품이다. 매번 그렇듯이 먹는 이야기를 할 적마다 군침을 삼키기 십상이다.

석이는 지의류로 줄잡아 2만 종이 전 세계적으로 널리 분포하는데, 엽상지의(葉狀地衣), 고착지의(固着地衣), 수상지의(樹狀地衣)로 나뉘고, 요리에 쓰이는 것은 총중[3]에서 잎 모양을 하는 엽상지의이다. 이것들은 거의가 원형에 가깝고, 가죽

---

1 지나칠 정도로 몹시 심하게란 뜻.
2 여럿이 모두 보기 좋을 정도만큼 긴 모양을 말한다.
3 한 떼의 가운데.

석이버섯

석이버섯은 지의류의 일종이다. 지의류는 특이한 공생식물로 광합성을 하는 녹조류나 남조류와 광합성을 하지 못하는 자낭균류나 담자균류와 합쳐 함께 산다. 균류가 수분과 거름을 조류에게 제공하면 조류는 광합성을 통해 양분을 만들어 균류에게 다시 전해 준다.

같이 딱딱하고 질깃하며, 마르면 위쪽으로 또르르 말린다. 전체적으로 거무죽죽하고, 윗면은 흐릿한 황갈색으로 광택이 없으며, 뒷면은 흑갈색으로 미세한 과립 돌기가 나고, 밑바닥에 짧은 헛뿌리인 허근(虛根)이 밀생한다.

연중 채취가 가능하지만 그 양이 많지 않고, 자라는 속도도 너무 느려서 가격이 만만치 않다. 무엇보다 송이처럼 인공 재배가 되지 않아 자연산에 의존하고 있다. 언제 어디서나 차고 넘치면 천하고, 드물면 귀하고 값진 법! 『동의보감』에는 석이를 "성질이 차고, 맛이 달며 독이 없고, 위를 보하고, 피 나는 것을 멎게 하며, 얼굴빛을 좋아지게 한다"고 쓰여 있다. 한방에서는 각혈·하혈 등의 지혈제로 이용하며, 또 중국에서는 강정제(強精劑)로 노인이 상용하면 젊어지고, 눈이 밝아진다고 믿는다. 이는 모두 석이에 든 기로포르산(gyrophoric acid)이라는 성분 때문이다.

여기까지 읽다 보면 음식 재료에 쓰이고, 약도 되는 석이가 대체 버섯인지 식물인지 헷갈렸을 것이다. 석이(버섯)는 소위 지의류라는 매우 특이한 식물로, '지의(地衣)'란 나무나 바위에 멍석처럼 납작하게 붙어 있어 붙은 이름이다.

지의류는 바싹 말라 물도 양분도 없는 척박한 바위나 껄끄러운 나무줄기에 어떻게 살까. 지의류는 특이한 공생식물(共生植物)로 엽록체로 광합성을 하는 녹조류나 남조류와 광합성을 못하는 자낭균류나 담자균류의 균류가 합쳐 함께 산다. 현미경으로 보면 3층으로 되어 있으니, 균류가 가운데에 조류를 틈틈이 얽어 가둬 놓고, 아래위를 신주 모시듯 싸고 있다. 균류의 팡이실(균사)은 수분과 거름을 머금어 조류에 제공하고, 조류는 양분을 만들어 균류에게 주니, 두 생물이 절묘하게 어우러져 '주고받기'를 하며 살아간다. 즉, 서로 없으면 모두 못 사는 공생이다.

좀 보태면, 여름날 발바닥을 데게 할 정도로 뜨거운 바위에 살지만 비가 오는 날에는 단번에 단세포 생물인 조류들을 실뭉치처럼 감듯하고 있는 균사가 물을 흠뻑 품고, 풍화작용과 생물들의 특수 화학 물질이 바위를 부식시켜 양분(거름)을 만들어 낸다. 그러므로 지의류는 맨땅이나 암석 지대에서 시작되는 건성천이(乾性遷移, xerarch succession)의 개척자이다.

다시 말하면 지의류가 사는 자리에는 축축하게 물기가 배고, 흙도 점점 걸어지면서 드디어 이끼(선태식물)가 가까이 끼이기 시작한다. 긴 시간이 흐르면서 마침내 잡초가 나기 시작하고 나중에는 나무도 들어와 자라게 된다. 결국 지의류, 이끼, 초본, 관목, 양수림, 혼합림, 음수림 순으로 간단없이 변해가니 이것이 천이(遷移)다. 불모지를 제일 처음 쳐들어온 생물은 지의류요, 그래서 지의류를 '생태계의 개척자 생물'이라 부른다.

우리는 못 먹는 것이 없어 이런 천이에 관여하는 석이도 따먹는다. 또 이들은 공해에 찌든 도시의 나무나 바윗돌에는 결코 살지 못한다. 그래서 공해의 정도를 가늠하는 '지표생물'로 삼으니, 터줏고기[4]를 보고 강의 훼손을 엿보는 것과 같다.

　결론이다. 지의류의 일종인 석이를 조류를 중심으로 보면 광합성을 하는 원생식물이고, 그들의 겉을 싸는 균류(곰팡이)를 생각하면 천생 버섯이다. 그래서 지의류인 석이는 '단세포 식물'과 '버섯'이 더불어 사는 유별난 생물이다.

4　떠돌아다니지 않고 자기가 태어나면서부터 살던 곳에 머물러 사는 물고기.

말없이 치열하게 살아가는 피짜들

269

수류탄이라는 글자에도 포함된
다산의 상징, 석류나무

●

시고 달착지근한 새빨간 보석인 석류를 상상만 해도 눈이 시리고, 군침이 한입 돈다. 시골 우리 집에도 나이를 먹을 대로 먹은 세월의 더께가 더덕더덕 앉은 해묵은 고목 석류나무가 있으니, 석류 이야기를 하면서 고향을 만나 좋다. 열매가 익어 갈 즈음, 가지가 출렁출렁 축축 처지게 매달려 있는 모양새가 무척 풍요롭고 예스러우며, 늦가을이면 뒤룽뒤룽 나뭇가지 열매가 저절로 쩍쩍 갈라져 핏빛 속살을 뽐낸다. 불행히도 필자의 제2의 고향인 춘천에는 날씨가 추워 석류나무가 없다.

"지울 수 없는 / 사랑의 화인(火印) / 가슴에 찍혀 // 오늘도 / 달아오른 / 붉은 석류꽃……." 이해인의 「석류꽃」의 일부이다. 시인을 '언어의 마술사'라 하는데 이 시에서도 그런 요술을 보는 듯하다. 어쩜 붉은 석류꽃에서 활활 타오르는 아로새긴 사랑을 찾아내는지! 정녕 시인들의 그런 안목이 자못 부럽다. 사물을 자세히 보려거든 시인이 되라는 말이 실감난다.

석류나무(*Punica granatum*)는 석류나뭇과의 갈잎큰키나무(낙엽교목)로 이란, 터키, 이집트가 원산지며, 수입되는 석류 열매가 대부분 중동산인 것이 이를 증명한다. 학명 *Punica granatum*에서 *Punica*는 널리 재배된다는 뜻이고, *granatum*은 씨앗이란 뜻으로 종자가 많다는 특징이 들었다. 또한 석류에는 프랑스어로 수류탄이란 뜻이 들었다 하고, 묘하게도 수류탄(手榴彈)이란 한자어에도 석류를 뜻하는 류(榴) 자가 들어 있다.

현재 지중해 연안, 유럽, 중동, 인도 등 건조한 지역에서 많이 재배되고, 세계적으로 500여 품종이 있다. 추위에 약한 편이라 우리나라에서는 중부 이남 지방에서만 노지에서 자생한다. 석류나무는 보통 과수나 관상수, 또는 약용으로 심으며, 씨로 번식하지만 꺾꽂이나 원목 곁에 나는 어린 줄기를 뽑아 옮겨도 잘 산다.

석류나무의 키는 5~7미터이고, 수피는 갈색이며, 나무줄기는 매끈하지 못하고 꺼칠하다. 또 나무줄기가 자라면서 뒤틀리는 모양을 하며, 가지 끝이 가시로 변하는 가시나무이다. 잎은 마주나고, 길이 2~8센티미터의 긴 타원 모양 또는 긴 달걀을 거꾸로 세운 모양이다. 꽃이 지천으로 피지만 아쉽게도 햇빛과 자양분을 듬뿍 얻어먹은 놈만 싱싱하게 통통해지고 나머지는 갸름한 것이 한참 매달렸다가 시름시름 이울고[1]

만다.

암술과 수술이 한 꽃봉오리에 맺히는 양성화이고, 지름이 약 3센티미터인 꽃은 5~6월경에 가지 끝에 달린다. 꽃잎은 현란한 빨강색으로 6장이고, 서로 포개지면서 주름져 핀다. 눈부시도록 찬란한 꽃 색깔과는 달리 향기는 아주 엷고 부드러우며, 한 꽃에 하나의 암술과 많은 수술이 들었고, 끝이 6개로 갈라진 꽃받침이 원통을 이룬다.

꽃받침조각이 부리에 여태 붙어 있는 열매는 9~10월에 갈색이 도는 노란색 또는 붉은색으로 익는다. 꽃받침 아래에 자리 잡고 있던 씨방(자방子房)이 공처럼 불룩하게 커지면서 노란색 또는 주홍색의 두꺼운 가죽 모양의 껍질 속에는 새록새록 씨앗들이 알알이 여문다.

열매는 지름 6~8센티미터로 둥글고, 익으면 두꺼운 겉껍질(외피)이 터져 쩍 벌어지면서 붉은 구슬처럼 광채가 나는 예쁘장한 종자가 드러난다. 종자를 싸는 육질의 종피(種皮)는 희거나 자주색이다. 칼로 짜개 벌려 보면 껍질에 다닥다닥, 이빨처럼 알차고 푸지게[2] 꽉꽉 박혀 있으니 많게는 자그마치 200여 개 넘게 들었다.

석류는 씨(종자)가 많이 들어 있어 다산(多産)을 상징하고, 생

---

1 꽃이나 잎이 시들었다는 뜻.
2 매우 많아서 넉넉하다는 의미.

남(生男)의 표징이 된다. 또 혼례복인 새색시가 입는 활옷이나 원삼[3]에 유별나게 포도나 석류 문양이 많은데, 이는 열매를 다래다래 매달은 포도·석류 송아리처럼 아들을 많이 낳으라는 기복의 의미가 담겨 있고, 민화의 소재로도 자주 등장한다.

원산지에 가까운 곳이 아닌데도 한국이나 일본에서 많이 재배하는 것은 분재를 하기 때문이다. 꽃이 예쁠뿐더러 줄기가 딱딱하고, 자라면서 뒤틀리는 특성을 가진 덕분이다. 중국에서도 생식력의 심벌로 여겨 석류를 대롱대롱 벽면에 걸어놓는다고 한다.

석류나무의 열매와 껍질 모두 부인병, 부스럼에 효과가 있고, 이질에 걸렸을 때 약효가 뛰어나며, 특히 촌충의 구충제로 쓴다. 근래에 와서 석류가 전립선암, 당뇨, 감기, 동맥경화, 남성 불임, 노화, 골다공증에 좋다는 것이 밝혀졌다고 한다. 특히 천연 식물성 에스트로겐이 들어 있어 여성 건강에 좋은 과일로 알려졌다.

또한 석류에는 새콤달콤한 맛을 내는 유기산인 시트르산(구연산)이 1.5퍼센트 들었고 나트륨, 칼슘, 인, 마그네슘, 아연, 망간, 철 등 무기질이 풍부하며, 여러 비타민 B나 비타민 K들도 들어 있다.

우리는 시큼 달착지근한 석류를 그냥 날것으로 많이 먹지

---

3 부녀 예복 중 하나.

만 서양에서는 맛과 빛깔이 좋아 과일주로 만들어 먹고, 인도나 유럽 등지에서는 씨앗을 향신료로도 쓴다. 종자에는 식이섬유가 많고, 고급 지방산이 많이 들었다 하니 석류는 씨앗째 통째로 꼭꼭 씹어 먹는 것이 좋다.

그런데 스테로이드(steroid) 호르몬이 든 석류 추출물을 국제 시합에 나간 한국 선수들에게 먹여서 나중에 그것이 문제가 되어 말썽이 생긴 적도 있었다고 한다. 또한 원시생활에 가까웠던 우리 어릴 적엔 석류 가시를 꺾어 '종기가 커야 고름이 많다'며 종기를 따고, 고름을 눌러 뽑기도 했는데……. 석류의 꽃말인 '원숙한 아름다움'이란 말이 다시 생각나는 요즘이다.

연지 곤지 치레하는
연지의 정체, 잇꽃

〇

"연분홍 치마가 봄바람에 휘날리더라 / 오늘도 옷고름 씹어 가며 / (……) / 알뜰한 그 맹세에 봄날은 간다." 김수희의 「봄날은 간다」란 노래가사 중에서 일부이다. 그녀의 「못 잊겠어요」도 많이 따라 부르곤 했는데……. 여기서 치마를 연분홍색으로 물들인 염료는 무엇일까?

연지는 볼과 입술을 붉게 치장하는 화장품(안료)인데 연지로 이마에 동그랗게 치레하는[1] 것을 곤지라고 한다. 이렇게 볼이나 이마를 연지 곤지 치레하는 연지는 어디에서 얻는 것일까? 또한 여자들이 노상 바르는 '루주'라 불렸던 립스틱은 또 어디서 온 것일까?

연지처럼 빨간색을 얼굴에 바르는 것은 샤머니즘 문화권에서 말하는 붉은색이 귀신을 물리친다는 주색축귀(朱色逐鬼)에

---

[1] 잘 손질하여 모양을 낸다는 뜻.

서 비롯되었다는 주장이 있다. 그리고 옛날 옛적부터 전염병이 돌 땐 이마에 연지를 칠하거나 붉은 색종이를 오려 붙이는 관습이 있었다. 여태껏 전통 혼례 때에도 신부는 연지 화장을 한다.

붉은 연지는 잇꽃에서 나온다. 잇꽃(*Carthamus tinctorius*)은 쌍떡잎식물, 국화과의 두해살이풀(우리나라 중부 지방은 한해살이풀)로 명주나 손수건 등 옷감의 염료나 연지 등의 화장품 말고 약용으로도 많이 재배한다. 또한 꽃에서 카르타민(carthamin)이란 붉은 색소 물질을 얻는다 하여 홍화(紅花, safflower)라 하고, 홍람화(紅藍花), 초홍화(草紅花)라고도 부른다. 원산지는 건조한 지역인 이집트나 남아시아로 추정되며 인도, 중국, 이집트, 남유럽, 북아메리카, 오스트레일리아 등지에서 널리 재배한다.

한방에서는 잇꽃을 따서 말려 부인병, 통경, 복통에 썼고, 열매 기름을 등유(燈油)로도 이용했는데 그 등잔불에서 얻은 검댕으로 만든 홍화묵(紅花墨)은 먹 중에서 최고로 친다. 어린 순은 나물로 먹고, 홍화씨 기름에는 리놀레산(linoleic acid)이 많이 들어 동맥경화에 좋다고 한다. 또한 유화물감으로도 쓰인다.

잎은 단단한 것이 어긋나고, 넓은 피침(鈹針, 칼 모양의 침) 모양으로 길이는 3.5~9센티미터이며, 폭은 1~3.5센티미터이다. 줄기는 높이 1미터 내외로 곧추서고, 기부는 목질로 변하며, 줄기 상부에서 가지가 많이 생겨난다. 붉은빛이 도는 노란색 꽃은 7~8월에 피고, 엉겅퀴를 닮았으며, 가지 끝에 1개씩 달리고, 15~20개의 씨를 맺으며, 시간이 지나면 꽃은 붉은색으로 변한다. 열매 길이는 6밀리미터로 흰색이며 윤기가 있고, 짧은 갓털(관모)이 있으며, 씨는 흰색이면서 작은 것이 해바라기 종자를 닮았고, 해바라기씨 대용으로 새 모이나 다람쥐 먹이로 쓰인다. 인도, 미국, 멕시코 순으로 많이 재배하며, 전 세계적으로 1년에 대략 60만 톤이 생산된다고 한다. 홍화의 꽃잎을 따 물에 넣어 황색소를 녹여낸 다음 잿물에 담그면 홍색소가 녹아 나온다. 여기에 식초를 넣어서 침전시킨 것이 천이나 종이 염색을 하였던 연지다. 그렇군, 연분홍 치마를 물들이거나 새빨간 연지 곤지는 잇꽃의 꽃잎에서 뽑은 카르타민 색소렷다! 또한 이집트의 미라에 감은 천도 이것으로 염색하였다고 한다.

여기까지가 홍화 이야기였고, 다음은 립스틱의 주성분인 카민색소(carmine pigment) 차례다. 카민은 아주 오랜 옛날부터 사용된 붉은색 천연 유기염료로 코치닐선인장(*Nopalea coccinellifera*)의 즙을 빨아 먹고 사는 곤충의 일종인 연지벌레(*Dactylopius coccus*)에서 추출한다. 카민은 천연 코치닐 추출 색소로 입술 연지 말고도 붉은색 음료나 아이스크림, 우유 등의 착색료로 사용되며, 얼굴 화장품 제조에도 사용한다. 물론 이것이 인공 색소가 아니라고 과용하면 그리 좋지 않다는

말없이 치열하게 살아가는 괴짜들

277

잇꽃

전통 혼례 때 신부가 하는 연지 곤지는 모두 잇꽃에서 얻은 붉은 색소로 치장한
것이다. 잇꽃은 쌍떡잎식물, 국화과로 예로부터 명주나 손수건 등 옷감의 염료
로 많이 사용되어 왔다. 잇꽃의 검댕으로 만든 홍화묵은 먹 중에서도 으뜸으로
친다.

것은 자명한 일이다.

그리고 생물학 실험에서 세포를 고정하고 염색체를 염색하는 데에 자주 쓰이는 아세트산카민(acetocarmine)이 있다. 이 시약은 아세트산(초산)을 끓여서 카민 분말을 녹인 다음에 여과하여 만든 시약이다.

연지벌레가 기생하는 선인장의 대부분은 남아메리카나 멕시코가 원산으로 200종이 넘으며, 모든 종에 연지벌레가 진저리나게 바락바락 달라붙어 거침없이 액즙을 빤다고 한다. 선인장 중에서도 넓적넓적한 손바닥 같은 모양을 하는 무리들로 우리나라 제주도에 자생하는 손바닥선인장(*Opuntia ficus-indica* var.*saboten*)과 흡사하다.

연지벌레는 진홍색 색소인 카민을 만드는 곤충으로, 그놈을 잡아 배를 짓눌러 보면 빨간 물이 툭 튀어나오니 그것이 바로 카민 액이다. 이것이 몸의 17~24퍼센트를 차지하는데, 다른 생물이 다 그렇듯 이는 다른 포식자들이 싫어하는 물질로 생존을 위해 만든 물질임이 당연하다. 몸이 매우 야들야들하고, 5밀리미터밖에 안 되는 암컷은 날개가 없으며, 둥글넓적하지만 수컷은 암컷보다 아주 작고, 길쭉하고 날개가 있다. 카민은 주로 암컷이나 알에서 얻으니 수컷은 아주 작으면서도 개체 수가 얼마 되지 않아 그렇다고 한다.

일일이 손으로 잡은 연지벌레 암컷들을 통째로 물에 팔팔 삶거나 쪄 말려 몽땅 가루를 내고, 암모니아나 탄산나트륨(소

다) 용액에서 끓여 카민 색소를 녹여 낸다. 1킬로그램의 카민을 얻는데 연지벌레가 무려 8만~10만 마리가 든다고 하니 사막 사람들의 일손이 바쁘다.

홍화에서 연지를, 연지벌레에서 카민을 얻어 백방으로 쓴다는 이야기를 했다. 이렇게 우리 주변의 식물이나 곤충의 신세를 되우 지면서도 행여나 늘 가까이 있어 데면데면 무심했고, 가뜩이나 넘치게 많다고 만만하게 여겨 마구 퉁²이나 주지 않았는지 모르겠다. 고마운 줄도 모르고 말이지.

___

2 퉁명스러운 핀잔.

피를 흘리는 염통을 닮은 꽃, 금낭화

○

　늦은 봄에 산 중턱 한적한 곳이나 개울물이 쫄쫄 흐르는 한 갓진 골짜기를 지나다가 보면 화사한 금낭화(錦囊花)가 소복소복 지천으로 널려 있는 꽃 대궐을 만난다. 예쁜 꽃의 맵시가 옛 여인네들이 치마 속 허리춤에 매달고 다니던 두루주머니(염낭)와 비슷하다 하여 '며느리 주머니'라 부르기도 한다. 서양 사람들은 그 모양이 심장 흡사한 것이, 붉디 붉은 피를 흘리는 것 같다 하여 '피 흘리는 염통(bleeding heart)'이라 부른다.

　금낭화(*Dicentra spectabilis*)는 양귀비목, 현호색과에 속하는 다년생초본으로 40~50센티미터 정도로 훤칠하게 자란다. 보통 겨울 동안 식물체의 지상부가 말라 죽고 뿌리만 남아 있다가 다음 해에도 생장을 계속하는 숙근초(宿根草)로 줄기는 연약한 것이 곧추서며 가지를 친다. 잎은 어긋나고, 손바닥 모양을 하며, 3장의 소엽이 달리는 복엽이다.

금낭화

금낭화는 꽃잎 4장이 모여 심장형의 볼록한 주머니 모양을 한다. 꽃을 자세히 뜯어보면 2장은 분홍색을 띤 겉꽃이고 나머지 2장은 겉꽃에 거의 둘러싸인 흰 속꽃임을 알 수 있다. 흰 속꽃의 일부가 아래로 뾰족 튀어나와 마치 혀처럼 보이게 한다.

학명 중 속명 *Dicentra*는 희랍어로 dis(둘)와 centron(꽃뿔)의 합성어로 '두 개의 꽃뿔'이 있다는 뜻이다. 금낭화의 '꽃뿔'이란 두 장의 겉꽃 끝부분이 위로 젖혀져 며느리발톱처럼 툭 튀어나온 부분을 말한다. 그것은 속이 비어 있거나 꿀샘이 들어 있어 '꿀주머니'라고도 부른다. 그리고 종소명 *spectabilis*는 화려하고 장관이다(spectacle)란 뜻으로 천의무봉(天衣無縫)한 '붉은 비단주머니 꽃'이 탐스러움을 이른다.

금낭화의 꽃말은 "당신을 따르겠습니다"란다. 20~30센티미터 정도의 활처럼 휘어진 긴 꽃대에 주머니 모양의 꽃이 많게는 20여 개가 줄지어 대롱대롱 매달린다. 꽃망울은 연한 홍자색의 염통꼴로 그 모양새가 너무 현란하다. 그런데 넘실넘실 꽃들이 주렁주렁 땅바닥을 향해 고개 숙인 것이 마치 무엇이든, 언제나 순종하겠다는 겸손한 모습처럼 보였던 모양이다.

꽃잎은 4장이 모여서 편평한 심장형의 볼록한 주머니 모양을 한다. 꽃을 자세히 뜯어보면 네 장의 꽃잎 중에서 2장은 분홍색을 띤 겉꽃(외화피外花皮)이고, 나머지 2장은 겉꽃에 거의 둘러싸인 흰 속꽃(내화피內花皮)인데 그 일부가 아래로 뾰족 튀어나와 혀처럼 보인다. 겉꽃잎을 양쪽으로 벌려 떼어 내고, 속꽃잎을 열어 보면 6개의 수술(양편에 각각 3개씩)과 가운데 암술 1개가 혀같이 나온 속꽃 잎에 들어 있다. 열매는 6~7월경에 긴 타원형으로 달리고, 한 개의 꼬투리 안에는 검고 광채가 나는 종자가 여남은 개씩 들었다.

금낭화는 시베리아, 중국 북부, 한국, 일본 등지를 원산지로 보는데, 금낭화속에 금낭화 1종만 있는 단형(monotypic)인 종자식물(꽃식물)로 가인박명(佳人薄命)이라 하듯 예쁜 만큼 훼손되기 쉬운 식물이다. 우리나라에는 지리산에서 설악산까지 분포하고, 산지의 돌무덤이나 계곡에 자생하며, 돌연변이로 꽃 색이 흰 것도 있다고 한다. 옛날 옛적부터 집 안에 심어 온 원예종이라 하겠는데 지리산 자락인 시골 우리 동네에도 집집마다 이 꽃을 심었으니 유례없이 '우리 토종 꽃'이 고샅길에까지 벙싯벙싯 자태를 뽐낸다. 요즘 심는 꽃들이 거의 다 외래종이라 하는 말이다.

번식법이 그리 어렵지는 않다. 7~8월경에 익은 종자를 받아 바로 뿌리는 것이 가장 좋다. 또 늦가을에 괴근(덩이뿌리, tuberous root)을 최소 3~4센티미터 정도의 크기로 잘라 모래에 심으면 다음 해 봄에 싹이 나오고 꽃이 핀다. 또한 배수가 잘되는 큰 화분에 심어 반그늘에 두어도 된다. 달팽이나 민달팽이가 잎에 달라 드는 수가 있으나 크게 문제가 되지는 않는다.

봄에 어린잎을 삶아서 나물이나 나물밥을 해 먹는다고 하는데, 독성이 있으므로 삶아 물에 담가 독물을 빼고 먹어야 한다. 한방에서 식물 전체(전초全草)를 채취하여 말려 소종(消腫, 부은 종기나 상처를 치료함) 등의 치료에 쓴다. 사람에 따라 금낭화를 만지면 가벼운 염증이 생기는 수가 있으니 이소퀴놀린(isoquinoline)이라는 알칼로이드 물질 탓이다. 만진 다음에는 반드시 비누로 손을 씻어야 한다.

제비꽃과 개미가 아름다운 공생을 하듯이 금낭화도 씨앗 퍼뜨림에 개미의 도움을 받는다. 제비꽃은 꽃봉오리 속에서 자가수분, 수정하여 씨앗을 맺은 후 껍데기를 툭툭 터트린다. 이때 좁쌀보다 작은 제비꽃 씨앗이 무려 2~5미터를 날아간 다 하니 참 놀랍다.

그런데 제비꽃 씨앗을 가만히 들여다보면 씨앗마다 조그마한 하얀 알갱이가 씨 한구석에 붙어 있다. 이것이 개미가 즐겨먹는 지방산과 단백질 덩어리인 '엘라이오솜(elaiosome)'이다. 개미는 제비꽃 씨앗을 제 집으로 물고 가 엘라이오솜만 떼어 먹고 집 주위에 버려 버리니 이렇게 씨앗을 퍼뜨린다. 그런데 금낭화의 씨에도 제비꽃처럼 달콤한 엘라이오솜(종침 種枕)이 붙어 있어 개미가 물고 가게끔 꾀는 장치를 해 났다. 곤충과 식물의 공생 일례를 여기서도 본다.

마지막으로 금낭화가 'bleeding heart'란 이름이 붙게 된 일본의 전설 이야기이다. "한 싹싹한 젊은이가 귀여운 한 소녀를 죽도록 사랑하게 되었다. 그는 소녀에게 금낭화의 겉꽃잎을 닮은 토끼를 선물하였으나 박절하게[1] 거절당한다. 그래서 다음엔 속꽃잎 비슷한 실내화를 선물했으나 역시 매정하고 쌀쌀맞게 퇴짜를 맞는다. 마지막으로 꽃뿔을 닮은 한 쌍의

---

1 인정이 없고 쌀쌀맞음.

귀고리를 선물했으나 또다시 물리침을 당한다. 거듭 실연하여 무척 상심한 청년은 꽃 아래 중간에 불쑥 내민 혓바닥 꼴의 칼로 심장을 찔러 피를 흘렸다." 상그레[2] 웃는 저 며느리주머니에 이런 슬프고 쓰라린 사연이 들었다니!

---

2 눈과 입을 귀엽게 움직이면서 소리 없이 부드럽게 웃는 모양을 말함.

네덜란드를 대표하는 식물, 당근

○

당근을 홍당무라고도 한다. 불그스레한 무를 뜻하는 '紅唐무'는 수줍거나 무안하여 붉어진 얼굴을 비유적으로 이르기도 한다. 또 구어(口語)에서 '당연히'란 말을 줄여 '당근'이라 하니 "너, 방 청소 했냐?" 하고 물으면 "당근이지"라고 답한다. 그리고 흔히 말[馬]을 다루는 회유와 위협, 상과 벌을 '당근과 채찍'이라 하는데, 이때 당근은 어루꾀는[1] 것이요, 채찍은 훌닦는[2] 것이다. 모름지기 교육은 상벌이 잘 조화를 이뤄야 하는데 그게 그리 어렵다.

당근은 미나리과의 두해살이풀로 뿌리채소인데, 겨울이 따뜻한 우리나라 남부에서는 월동이 가능하지만 중부 이북 지방에서는 한해살이로 봄·가을에 각각 파종한다. 봄에는 3월

---

[1] 얼렁거려서 남을 꾀다.
[2] 휘몰아서 나무라다.

말없이 치열하게 살아가는 괴짜들

초순에 심어 7월 장마 직전에 수확하고, 8월에 파종하여 서리가 내리기 즉전에 뽑아 먹는다. 당근의 영어 말 carrot은 카로틴(carotene)에서 왔다고 하고, 염색체가 9개다.

당근(*Daucus carota* var. *sativa*)은 이란이나 아프가니스탄이 원산지이고, 중국에는 13세기 말에 중앙아시아로부터 들어왔고, 한국에서는 16세기부터 재배하기 시작했다고 본다. 그런데 17세기에 네덜란드에 오렌지색의 새 품종 당근이 생겨났다. 오늘날 네덜란드 국가 대표의 유니폼은 오렌지색이고, 축구팀을 '오렌지 군단'이라 부른다. 또 네덜란드 독립 운동의 상징색이기도 하다.

뿌리가 큰 것은 길이 30센티미터, 직경 7센티미터로 굵직하고 곧으며, 오렌지색·흰색·붉은색·자주색을 띤다. 잎은 잘게 찢어진 깃꼴겹잎(우상복엽羽狀複葉)으로 털이 나고, 어긋나기(호생엽互生葉)하며, 줄기는 1미터 가까이까지 늘씬하게 자란다. 꽃은 7~8월에 흰색으로 피고, 산형화서(傘形花序, umbrella-like flower)로 꽃대의 끝에서 많은 꽃이 방사형으로 나와서 끝마디에 하나씩 붙는다. 꽃받침과 꽃잎, 수술은 각각 5개이고, 1개의 암술이 있고, 꽃은 아주 작고 희며, 꽃물이 많아 곤충들이 들끓는다. 눈에 겨우 드는 열매는 긴 타원형에 까끌까끌한 가시털이 있고, 하도 작아서 1그램에 500~1,000개가 들었다.

당근도 뿌린 대로 자란다. 호미로 밭 흙을 골골이 살살 긁어 일구고, 씨를 조심스레 줄뿌림하여 씨앗의 1.5배로 흙덮기

해서 볏짚 등으로 덮어 물뿌리개로 물을 뿌려 주면 더 좋다. 10여 일이 지나 싹이 틀 무렵에 덮어 둔 짚을 벗겨 내고, 일찌감치 키가 한 뼘 정도면 5~8센티미터 간격으로 솎아 준다. 번번이 씨뿌리기 때마다 성글게 뿌린다는 것이, 혹시나 싹이 트지 않을까 봐 배좁게[3] 뿌려 놓아 솎음질하기에 정말로 눈이 빠지고, 허리가 꾸부정 굽는다. 빽빽하게 난 총중에 오롯이 번듯하고 튼실한 놈을 골라 널따랗게 드문드문 세워야 하기에 한 움큼씩 뽑아 버린다. 양분이나 물, 햇빛 싸움을 뜯어말리는 행위요, 그래야 뿌리가 성하고 볼품없는 놈이 없다.

당근 밭에는 수시로 두더지가 지렁이를 잡겠다고 돌아다녀 당근이 말라 죽기도 하고, 흙에 바람이 들어 잔뿌리가 많이 생기며, 또 땅의 땅심(지력)이 낮거나 바닥이 야물면 뿌리가 꼴같잖게 여러 갈래로 나눠지는 수가 있다.

땅은 겨울 냉장고이다! 가을에 수확 당근을 잎줄기는 잘라 버리고 양지바른 곳에 구덩을 파서 무와 함께 파묻어 두면 이듬해 봄까지 두고두고 싱싱한 당근을 먹는다. 날씨가 추워지면 어서 뽑아 갈무리를 해야 할 판이다. 게으른 농부를 만난 내 밭의 당근들이 어김없이 닥치는 코앞의 겨울에 안절부절 못한다.

뿌리채소(근채류根菜類)인 당근은 풋것으로 먹기도 하지만

---

3 자리가 매우 좁음.

당근 샐러드나 주스로, 또한 카레나 겉절이에 썰어 넣어 먹는데 생것을 씹으면 사각사각, 아삭아삭하다. 여린 잎을 먹기도 하지만 잔뿌리가 나기 전에 아주 어린 순을 먹어야지 그렇지 않으면 알칼로이드의 독성 탓에 해롭다고 한다. 뿌리의 대부분을 체관이 차지하고, 속에는 물관이 있는데, 질긴 물관부가 적을수록 싱그럽고 좋은 당근이다. 그리고 익혀 먹으면 더 좋아, 삶는 것보다 찌는 것이 더 맛난다고 한다.

당근 뿌리에는 비타민 A와 비타민 C가 특히 많고, 박하 향이 물씬 풍기며, 맛이 달달하다. 영양소도 아주 다양하여 당, 단백질, 섬유소가 각각 1퍼센트고, 0.2퍼센트의 지방에, 무엇보다 3퍼센트의 베타카로틴(β-carotene)이 들었으니 귤·호박·고구마 등 다른 과일이나 채소들이 오렌지색인 것은 모두 이 때문이다. 특히 베타카로틴은 비타민 A 전구물질(provitamin A)로 우리 몸에서 비타민 A로 바뀐다. 이것이 부족하면 야맹증에 걸린다.

당근에서 뽑은 카로틴 색소를 사료에 넣어 송어 등의 물고기의 살 색깔이나 달걀 노른자를 물들이기도 한다. 또 당근을 많이 먹으면 피부색이 노랗게 변하니 이를 황색소증(黃色素症, carotenosis)이라 하는데, 얼굴이나 손바닥까지 누르스름하게 바뀐다. 귤도 매한가지로 생리적으로 큰 탈이 없이 시간이 지나면 시나브로 사라진다. 그러나 과식하면 뇌압이 높아져 두통과 구토를 유발하는 비타민 A 과다증(hypervitaminosis A)에 걸리기 쉽다. 또한 유럽 사람 중 3.6퍼센트가 당근 알레르기가 있다고 한다.

　당근의 카로틴은 항산화제로 작용하고, 직장암 세포의 성장을 억제하며, 폐경 후에 많이 생기는 유방암을 줄이고, 노화에 따른 눈의 황반변성(macular degeneration)이나 백내장(cataract)의 위험도 줄인다. 이른바 식약동원(食藥同源)이라고, 약이 아닌 식품이 없다.

물 건너와 백성의 허기를 달랜
기특한 식물, 고구마

○

"조선 영조 때 평안관찰사와 이조판서 등을 지낸 조엄(趙曮)은 1763년 통신정사로 일본에 갔는데, 1764년 돌아오는 길에 대마도에서 고구마 종자를 가져왔다. 그의 저서 『해사일기(海槎日記)』에 '일본인이 이를 고귀위마(高貴爲麻)라고 부른다'고 기록한 데서 유래됐다고 한다. 고구마를 가져와 백성의 허기를 달래준 조엄을 기리는 기념관이 6일 그의 묘역이 있는 강원도 원주시 지정면 작동 마을에서 문을 열었다"고 중앙일보(2014년 11월 7일 자)에 쓰고 있다.

고구마(*Ipomoea batatas*)는 1년생 넝쿨식물로 메꽃과에 속하는 쌍떡잎식물이다. 원산지는 중남미 지역으로 추정하며, 온대에서는 일년생이지만 열대에서는 겨울이 되어도 뿌리가 죽지 않고 동면을 한 후 봄에 다시 싹이 나는 숙근성(宿根性)이다. 꽃이 피어 씨앗이 맺히는 수가 있으니 그것은 실험용(사육용)으로 쓸 뿐이다.

고구마는 넝쿨식물로 땅바닥을 기고, 어긋나기잎의 잎몸은 심장 모양으로 얕게 갈라지며, 꽃은 통꽃(합판화合瓣花)으로 나팔꽃을 닮았다. 꽃의 둘레는 희고 안은 보라색이며, 꽃받침은 5개로 갈라지고, 꽃부리는 깔때기 모양이며, 수술 5개와 암술 1개가 있다. 흔히 고구마 꽃이 피면 상서롭다고 하는데 실은 드물지 않게 자주 피우는 편이다. 금년 내 고구마 밭에도 '나팔꽃'이 피었다.

녹말이 많이 든 덩이뿌리로 감자(potato)와 비슷하지만 맛이 달다고 '단 감자(sweet potato)'라 한다. 고구마를 캐 보면 사방에 굵은 원뿌리들이 깊고 멀리 뻗었고, 고구마 덩이에도 잔뿌리들이 나 있으니 말해서 고구마는 뿌리가 변한 것이다. 반면 감자(*Solanum tuberosum*)는 고구마 덩이와는 달리 둥그런 감자에 하얗고 굵다란 줄기가 달려 있을 뿐 결코 덩이에는 잔뿌리가 전연 없고 매끈하니 감자는 줄기가 변한 것이기 때문이다. 하여 감자는 '덩이줄기'이고 고구마는 '덩이뿌리'다.

그리고 아열대·열대 지방에서는 일 년 내내 시들지 않으므로 적당한 시기에 줄기를 잘라 꽂아서 번식한다. 감자는 줄기가 곧추서는데 고구마 줄기는 길게 땅바닥을 따라 뻗는다. 생식기관인 꽃이 지고 열리는 씨앗이 아닌 잎, 줄기, 뿌리 같은 영양기관을 써서 번식하는 것을 영양생식이라 하는데 감자와 고구마 모두 거기에 든다. 감자는 덩이를 짜개서 심고, 고구마는 순을 틔워 심는다.

고구마 껍질은 매우 여려서 조금만 닿아도 겉껍질이 벗겨지고, 잎줄기가 다치면 희뿌연 젖물(유액乳液)이 나오니 그것이 녹말 즙이다. 고구마의 살색은 보라색, 하얀색에서 누르스름한 것 등 다양하고, 속까지 보라색인 자주색 고구마도 있다.

시골 면소재지에 있는 중학교에 다닐 적이다. 학생들이 모두 농사꾼 자녀들이라 '농업'이란 과목이 있어서, 학교에서 농사 짓기를 실습으로 배웠다. 그런데 학생도 그렇지만 선생님 한 분이 서너 과목을 가르치는 것이 예사였으니 학교 사정이 어느 정돈지 불문가지(不問可知)다.

암튼 요새는 3월 상순경 싹이 돋는 씨고구마를 심어 비닐을 씌우고, 온도를 높여서 모종을 기른다. 그런데 내가 어릴 때만 해도 비닐이 없었으니 생판 달랐다. 이른 봄 양지 바른 밭가에 넓게 사각형 구더기를 꽤 깊게 파고, 켜켜이 대소변을 뿌리고는 두엄을 한가득 쟁여 넣는다. 그 위에 흙을 깔고 주먹만 한 고구마를 가지런히 심고는 가마니로 위를 여러 겹으로 덮는다. 가능한 빨리 두엄에서 나오는 열로 고구마 순을 틔우자는 것이었다. 한마디로 세상 참 많이 변했다.

사실 고구마 농사만큼 힘이 덜 드는 것도 없다. 필자는 올해도 고구마 줄기(순) 두 단(140여 포기)을 사서 골골이, 줄줄이 꼬리에 꼬리를 물게 다닥다닥 심었다. 심을 자리에 물을 흠뻑 뿌리고 나무 막대기로 비스듬하게 찔러 미리 구멍을 내고 거기에 고구마 순을 7센티미터 정도 찔러 넣고 흙을 꼭꼭 눌러 준다(고구마 줄기를 꼿꼿이 세워 심지는 않는다). 고구마 줄기가 한창일 즈음에는 핏줄처럼 얽힌 줄기를 한 번쯤 줄줄이 젖혀 주니 잔뿌리에 영양분이 헛되게 쓰이는 것을 막는 것으로, 그냥 두면 줄기에서 수많은 곁뿌리를 내려 먹지도 못할 잔 것들이 마구 달리기 때문이다.

고구마는 중국, 우간다, 나이지리아 순으로 많이 재배하고 수확한다고 한다. 성분은 수분 69퍼센트, 당질 28퍼센트, 단백질 1.3퍼센트 등으로 탄수화물과 식이섬유가 대부분이고, 9종이 넘는 비타민과 여러 무기염류가 들었다고 한다. 중국에서는 고구마수프, 일본에서는 고구마소주가 이름이 났고, 우리나라에서는 길거리의 군고구마가 유명하며, 당면과 소주의 원료로 제일 많이 쓰인다. 밥에 얹거나 얇게 썰어 전을 붙여 먹어도 맛있지만, 어릴 적에 먹던 것은 머리에서 쉽게 지워지지 않으니, 손가락만 한 자잘한 것들을 작은 뿌리(세근細根)와 꼭다리(꼭지)를 떼고 쪄 말려 졸깃졸깃해진 그놈을 한겨울에 군것질로 먹었다. 그리고 고구마 껍질의 자주색은 안토시아닌이고, 누르스름한 것은 베타카로틴인데 항산화제로 건강에 좋은 식품이라고 한다.

흔히 '고구마 줄기'를 먹는다고 하는데 틀린 말이다. 그 질긴 고구마 줄기를 어떻게 먹으며, 또 한창 자라는 줄기를 뜯어다 먹는다면 고구마가 열리지 않을 건데 어쩌려고? 결론은 '잎자루'를 먹는 것이다. 잎의 본체는 따 버리고 길게 붙은 잎자루를 한소끔[1] 데친 다음 겉껍질을 벗겨 버리고 양념을 넣어 조물조물 묻혀 먹으며, 말려서 묵나물로도 먹는다. 고구마는 잎자루와 뿌리를 주로 먹는다.

갈바람[2]에 곡식들이 혀를 깨문다. 이윽고 구시월이면 고구마 덩이가 몸집을 불리느라 밭두둑이 쩍쩍 갈라지니 조심조심 금간 두둑을 호미로 살짝 긁어 보면 고구마가 보인다. 와! 원줄기를 힘껏 잡아당기면 주렁주렁 고구마가 딸려 올라온다! 세상에 고구마 캐는 재미라니……. 농자천하지대본(農者天下之大本)이라, 농업은 천하의 사람들이 살아가는 큰 근본이요, 한 톨의 곡식에 만인의 노고가 담겼다.

---

1 한 번 끓어오르는 모양.
2 가을바람의 준말.

고랭지 감자가 아이 머리통만 한 이유, 동화작용

○

　선농일체(禪農一體)라, 수도와 농사는 같은 것. 하여 심전(心田) 가꾸기와 밭갈이는 다르지 않다! 필자는 아침에 일찌감치 집을 나와 콧구멍만 한 글방(서재)에서 글 농사 짓기를 하다가는 오후 4시면 제아무리 급한 일이 있어도 벌떡 일어나 벼락같이 텃밭으로 재우쳐 달려간다. 농사는 과학이요, 예술이라 했겠다.

　"사람의 천적은 벌레(곤충)와 잡초"라는 말이 진정 옳다. 야마리 까진 심술보인 노린재, 이십팔점박이무당벌레 나부랭이들을 일일이 손으로 잡는 것은 물론이고, 장마 끝에 우거진 잡풀과의 전쟁은 절박한 지경이라, 쪼그리고 앉아 한참 김을 매고 나면 오금이 저리고, 허리는 내 허리가 아니다. 뽑고 돌아서면 어느새 숲을 이루니 넌더리 나는 싸움이 한도 끝도 없다. 농약이 어떻고, 제초제가 저렇고 하지만 그것들 없으면 호랑이보다 무서운 굶음이 기다리니, 무릇 인류의 위대한 발명품이 살충제요, 제초제로다.

겨울을 지내 봐야 봄 그리운 줄 안다고 했던가. 겨울은 떠나기 싫고 봄은 오고 싶어 하는, "꽃샘추위에 설늙은이[1] 얼어 죽는다"는 4월 초순경이면 비로소 봄기운에 마음이 설레고 안달난다. 춘불경종(春不耕種) 추후회(秋後悔)라! 농사꾼은 굶어 죽어도 종자를 베고 죽는다고 하지. 고맙게도 해마다 제자 교수가 겨우내 냉골에 둬서 생기를 잃지 않은 '씨감자'를 대관령 어디선가에서 구해 준다. 이래 봄 농사는 태동한다.

그건 봄 농사 이야기고, 해마다 이맘때면 김장 채소로 쓸 배추, 무를 포함해 봄에 심었던 상추, 쑥갓, 아욱 등속의 씨를 다시 뿌린다. 밑거름 복합 비료를 설렁설렁 흩뿌리고는 밭을 살짝 뒤집어 흙살을 곱게 다듬은 다음에 비닐 덮기를 하니, 거기엔 물기가 많아야 잘 크는, 머잖아 속고갱이가 꽉 들어찰 배추 모종 심을 자리를 손질하는 것이다. 이기작(二期作, 동일한 농장에 1년에 2회 동일한 농작물을 재배하는 재배 형식)하는 밭농사는 이렇게 한 해 두 번의 농번기를 맞는다. 참고로 이모작(二毛作)이란 동일한 농장에 두 종류의 농작물을 서로 다른 시기에 재배하는 농법을 말한다.

푸나무 중에서 풀은 나름대로 다르지만, 나무만은 대낮은 따스하고 한밤엔 서늘한 봄가을에 주로 자란다. 이렇듯 한창

---

[1] 나이가 그다지 많지 않으나 기질이 노쇠한 사람.

크는 아이들의 키를 재 봐도 갈봄[2]에 무럭무럭 자란다. 무더운 여름철엔 벼나 고추, 가지 같은 원산지가 무더운 열대 지방인 몇몇 곡식들과 철도 모르고 설치는 바랭이, 비름, 방동사니, 뚝새풀(독새풀) 같은 잡초들이 철 만난 듯 설쳐 댄다. 쇠뿔도 녹인다는 여름 더위에 남새[3]들도 다 물러 빠지며, 햇볕 쨍쨍 내려쬐는 한낮에는 나무들도 잎이 후줄근히 매가리[4]를 잃고 시들시들 처지거나 돌돌 말리면서 광합성을 멈춘다. 사람이 기진맥진하면 식물도 몹시 지치는 모양이다.

사람이나 초목이나 한낮엔 더워도 좋으나 오밤중이 찜통인 열대야엔 정말 죽을 맛이다. 그런데 낮은 푹푹 쪄도 밤만 되면 가을이라 모기가 숫제 없다는 태백 준령, 대관령의 여름밤은 몹시 추워서 옷을 껴입는다. 말해서 고랭지(高冷地)로, 실제로 그곳에서 봄부터 가을까지 내내 고랭지 채소가 지천으로 난다. 두말할 필요 없이 그곳의 감자, 고구마도 딴 곳보다 훨씬 크다.

그런데 오직 엽록소가 가득 든 엽록체를 가진 녹색식물만이 태양에너지를 화학에너지로 전환하는 초능력을 가진다. 녹색식물은 광합성하여 스스로 살아가는 자가영양(自家營養)하는 장하디 장한 생물인 반면 동물은 허깨비요 바보 천치로,

---

2 가을봄의 준말.
3 채소.
4 '맥'을 낮잡아 이르는 말.

타가영양(他家營養)하는 무력하고 무능한 생물이다. 그래서 녹색식물을 생산자라 부르고, 동물은 오직 식물을 먹고 살기에 소비자일 따름이다.

그렇다. 지구의 모든 에너지는 태양에서 온 것! 재언하지만 세상에서 태양에너지를 화학에너지로 바꾸는 것은 오직 녹색식물(엽록체)뿐이다. 때문에 영물인 풀 한 포기나 나뭇잎 하나도 만만히 보아 허투루 해코지해서는 안 된다. 또한 식물(plants)은 식물(foods)을 만드는 공장(plants)으로 우리에게 젖을 주는 어머니다! 동물들도 죄다 식물(쌀, 밀가루, 옥수수 등)을 먹고 태양에너지로 살을 찌운 것이 아닌가. 하여 밥이나 고기를 먹는다는 것은 태양을 씹는 일이요, 토마토나 귤 즙을 마시는 것은 태양을 들이켜는 것이다.

그런데 식물은 낮에는 광합성으로 여러 양분을 만들고, 낮밤으로 그것을 이용하여 숨쉬기를 하니, 광합성이 양분을 만드는 동화작용(수입)이라면 호흡은 양분을 소비하는 이화작용(소비)인 것이다. '광합성-호흡=저장'이란 등식은 우리 가정에서 '수입-소비=저축'과 같다.

식물은 광합성으로 만든 양분을 호흡과 성장에 쓰고 남은 여분을 잎·뿌리·줄기·열매·씨앗들에 저장한다. 한데 낮의 온도가 적당하면 광합성(수입)이 잘되지만, 밤이 더우면 더울수록 호흡량(소비)이 늘어난다. 그러기에 밤낮 더운 한여름보다 낮이 덥고 밤이 싸늘한(호흡량이 적은) 봄가을에 식물이 잘 자라니, 나무는 1년에 두 번 자라는 것이다. 이렇게 봄가을에는 많이 만들고 적게 소비하니 식물체가 무성할뿐더러 잎줄기와 뿌리에도 양분 저장이 팍팍 는다.

결론이다. 낮엔 후터분하고 밤은 썰렁한 고랭지인 대관령에는 낮에 광합성(생산량)은 한껏 일어나고, 밤의 호흡량(소비량)이 된통 줄어들어, 그곳의 감자·고구마는 거짓말 조금 섞어 얼추 아이 머리통만 하고, 배추는 한 아름드리요 무·당근은 처녀 다리통만 하다. 고랭지에서 감자나 푸성귀들이 실하고 큼직하게 낫자라는[5] 까닭을 알았다. 천고마비(天高馬肥)의 이치도 깨닫고…….

---

5 더 잘 자라다.

부부 금실을 상징하는
유정수(有情樹), 자귀나무

○

초동목수(樵童牧豎)란 '땔나무하는 아이와 소 먹이는 총각'
이라는 뜻으로, 배우지 못해 식견이 좁은 사람을 이르는 말이
다. 필자 또한 어린 시절을 그렇게 보냈으며, 그러다 보니 생
물학이라는 과목이 좋아진 것임을 부인하지 못한다. 매화를
그리다 보면 매화를 닮는다고 했던가. 생물학이 좋아진 것은
선천적이라기보다는 후천적인 적성(후성유전)인 듯한데, 자식
셋이 모두 아비 따라 생물을 전공했으니 후천적인 적성도 유
전하는 것일까. 암튼 아비를 붙좇은 자식들이 마냥 고맙고 행
복할 따름이다.

여름 한철 오후에는 소를 쳐 놓고 산비탈을 올라 꼴을 한
짐 뜯는다. 오늘따라 소가 잘 먹는다 하여 '소쌀밥나무', '소찰
밥나무'라 부르는 자귀나무(*Albizia julibrissin*)를 만난다. 학명
의 속명 '*Albizia*'는 18세기 유럽에 처음 이 나무를 소개한 이
탈리아인 필리포 델 알비치(Filippo del Albizzi)를 따서 붙인 이

자귀나무

자귀나무의 잎은 낮에는 옆으로 활짝 퍼지지만 밤이 되면 부리나케 접어 짝을 맞춘다. 이 모습을 보고 남자와 여자가 같이 사며 즐기는 나무란 뜻에서 합환목 혹은 인정이나 동정심이 많다는 뜻에서 유정수라 불렀다. 부부 금실을 상징하는 나무가 바로 자귀나무이다.

름이고, 종소명인 'julibrissin'은 '비단 꽃'을 뜻한다고 한다.

그런데 얼마 전에 가지를 자른 기억이 나지만 한참을 손대지 않았는데도 뜯어 먹은 자국이 났으니 이건 분명 노루, 고라니가 한 짓이다. 질소고정세균과 공생하는 콩과 식물은 어느 것이나 콩처럼 단백질 성분이 많아 초식동물들이 즐겨 먹으니, 칡잎, 토끼풀, 아까시나무 잎 따위를 토끼도 잘 먹지 않던가.

자귀나무 잎은 낮에는 옆으로 활짝 퍼지나 밤이나 어스레히 흐린 날에는 부리나케 접어 짝을 맞춘다. 자귀나무를 남자와 여자가 같이 자며 즐기는 나무(합환목合歡木), 혼인을 맺는 나무(합혼수合婚樹), 밤에 정을 통하는 나무(야합수夜合樹), 인정이나 동정심이 많은 나무(유정수有情樹)라 부르니, 부부 금실을 상징하는 나무다. 이는 밤엔 하나같이 마주 보는 잔잎을 오므라뜨려 둘씩 포개지는 데서 온 말들이다.

자귀나무는 장미목, 콩과에 속하는 아름드리 낙엽소교목으로 높이 6~9미터를 자라고, 영어로는 비단 나무(silk tree) 또는 미모사 나무(mimosa tree)라 하는데, 후자는 미국 쪽에서 많이 쓰지만 잘못된 것이라 한다. 우리나라에서는 황해도 이남에 자생하고, 원산지가 동남아시아이거나 동아시아의 한국이나 중국으로 보고 있다. 비슷한 자귀나무를 태국 등지의 동남아시아에서도 만날 수 있다. 넓게 퍼진 가지 때문에 나무의 모양이 풍성하고, 특히 꽃이 활짝 피었을 때는 매우 아름다워

정원수(관상수)로 많이 심으며, 꽃말은 '환희'라 한다. 그리고 주변이나 나무 아래에는 다른 식물을 못 자라게 하는 심한 타감작용(allelopathic)을 보인다. 소나무 밑에 잔솔이 나지 못하는 것도 같은 원리다.

반질반질하고 보들보들한 잎은 나긋나긋한 줄기에 하나씩 달리는 홑잎(단엽單葉)이 아니라 아까시나무처럼 작은 잎들이 여럿이 모여 하나의 잎을 만드는 겹잎(복엽複葉)이다. 잎은 깃꼴겹잎(우상복엽羽狀複葉)으로 어긋나고, 잎자루에 자그마치 20~30쌍의 잔잎(소엽小葉, leaflet)이 촘촘히 마주 난다. 대부분의 복엽은 역시 아까시나무처럼 작은 잎들이 둘씩 마주 나고 맨 끝에 하나가 남는데(기수우상복엽奇數羽狀複葉), 자귀나무는 짝수여서 저녁녘에 잎을 닫을 때 홀로 남는 잎이 없는 우수우상복엽(偶數羽狀複葉)이다. 잎이 푸지게 매달린 말쑥한 자귀나무는 짙푸른 것이 시원하고 그윽한 그림자를 어울리게 지우는 여름 나무로 으뜸이다.

꽃은 양성(兩性, 암수한꽃)으로 7월에 새 가지 끝에서 길이가 5센티미터 정도의 꽃대가 나와 피는데, 15~20개의 꽃들이 우산모양꽃차례(산형화서傘形花序)를 이루며 핀다. 꽃이 아름다운 것은 기다란 분홍 수술이 술(실)처럼 늘어지기 때문이고, 암술은 수술보다 길며, 한창 피면 향긋한 냄새에 벌과 나비가 날아와 꿀을 딴다. 열매는 15센티미터 정도의 납작하고 긴 꼬투리(콩깍지) 모양으로 노란빛이 도는 밝은 갈색으로 여

문다. 다 익으면 꼬투리가 갈라져 5~6개의 씨앗이 튀어나오
는데, 깍지는 금세 떨어지지 않고 겨울바람에 부딪혀 달가닥
거린다. 이 소리가 시끄럽다고 '수다스런 나무(여설목女舌木)'
라 부르기도 한다.

사실 잘 관찰하면 다른 콩과 식물들도 밤이 되면 차이가 날
뿐, 죄다 잎자루나 잎을 오그리는 것이 본새이다. 같은 콩과
식물인 신경초 또는 잠풀이라 부르는 미모사를 생각하면 이
해가 빠를 것이다. 꼬마 화분에 심어 팔았었고, 쫙 벌어진 잎
에 열을 가하거나 손으로 집적이기나 하면 어느새 담쏙[1] 잎과
잎자루가 처지는 장난을 해 보기도 한다. 그러다 어느새 쏘옥
도로 제 모양으로 돌아왔었고. 그런데 밤에는 가만히 뒀는데
도 잎이 저절로 오므라드니, 빛이 없어져 광합성을 하지 못해
잎줄기의 물이 빠지면서 팽압이 떨어져 일어나는 현상이다.
자귀나무도 그러하다.

미모사(*Mimosa pudica*)는 중남미가 원산지로, 거기서는 다
년초이나 한국에서는 일년초이다. 식물체에 잔털과 가시가
있고, 높이가 30센티미터에 달하며, 잎은 보통 4장의 깃꼴겹
잎이 손바닥 모양으로 배열한다. 꽃은 7~8월에 연한 붉은색
으로 피고, 꽃대 끝에 모여 달리며, 꽃잎은 4개로 갈라진다.
수술은 4개로 길게 밖으로 뻗고, 암술은 1개로 암술대는 실

---

1 손으로 조금 탐스럽게 쥐거나 팔로 정답게 안는 모양.

모양이며 길다. 열매는 9~10월에 익으며, 납작한 꼬투리에
5~6개의 씨가 들었다.

글을 쓰다 보니, 내친김에 정원 딸린 독채로 이사 가 마당
에 유정수(有情樹) 한 그루 심어 놓고 변치 않는 부부 사랑을
배웠으면 하는 마음이 든다.